FINA Deutschland GmbH
Bleichstraße 2-4
D-6000 Frankfurt am Main 1

Ursprünglich veröffentlicht in der Reihe „Technische leergangen"
unter dem Titel „Hydrauliek"
von Educatieve en technische uitgeverij DELTA PRESS BV,
Overberg, gem. Amerongen, Niederlande.

© 1990 by Educatieve en technische uitgeverij DELTA PRESS BV,
Overberg, gem. Amerongen, Niederlande

Zusammengestellt durch Ing. R. van den Brink

Deutsche Übersetzung:
unitext® GmbH, Berlin

Alle Rechte vorbehalten
© Friedr. Vieweg & Sohn Verlagsgesellschaft mbH,
Braunschweig / Wiesbaden, 1992

Der Verlag Vieweg ist ein Unternehmen der Verlagsgruppe
Bertelsmann International.

Das Werk und alle seine Teile sind urheberrechtlich geschützt. Jede Verwertung in anderen als den gesetzlich zugelassenen Fällen bedarf deshalb der schriftlichen Einwilligung des Verlages.

Lengericher Handelsdruckerei, Lengerich
Gedruckt auf säurefreiem Papier

ISBN-13: 978-3-528-04832-7   e-ISBN-13: 978-3-322-86805-3
DOI: 10.1007/978-3-322-86805-3

Hydraulik

Bei der Hydraulik handelt es sich um eine Technik, die in den letzten Jahrzehnten einen enormen Aufschwung genommen hat. Auch die Anwendungsbereiche wurden stark erweitert und breiten sich ständig aus. Angesichts dieser Entwicklung besteht bei zukünftigen Konstrukteuren, Anwendern und Wartungstechnikern ein großer Bedarf an vertieften Einblicken in die packende Materie der Hydraulik. Auch in der technischen Ausbildung gibt es ein solches Interesse.

Deshalb beabsichtigt dieser technische Lehrgang folgendes:
a) Dem Leser soll eine Vorstellung von den Anwendungsgebieten und der Wirkungsweise hydraulischer Anlagen vermittelt werden.
b) Ihm sollen die Grundlagen der Schaltungstechnik erläutert werden (sein funktionelles Denken soll geschult werden).
c) Er soll Einsichten in den Zweck und die Funktion der wichtigsten Bauelemente gewinnen.
d) Der Zusammenhang der verschiedenen Bauelemente in der Gesamtanlage soll dargestellt werden.

Da es uns um Grundkenntnisse geht, enthält dieser Lehrgang keine umfangreichen Berechnungen.
Im zugehörigen Lehrgang „Hydraulische Anlagen, Berechnungen" wird die Berechnung hydraulischer Anlagen im einzelnen behandelt. Dabei wird auch auf die regelungstechnischen Hintergründe eingegangen.

Inhalt

	Übersicht über die häufigsten Symbole der Hydraulik	2
1	**Einleitung**	**3**
1.1	Was ist Hydraulik?	3
1.2	Kombinierte Techniken	3
1.3	Energieübertragung in hydraulischen Anlagen	4
1.4	Hydrostatik	4
1.5	Physikalische Grundbegriffe	4
1.6	Hydraulische Leistung	5
2	**Einteilung in Gruppen und Schaltungstechnik**	**6**
2.1	Aufbau einer hydraulischen Anlage	6
2.2	Schaltungstechnik	6
3	**Hydropumpen**	**8**
3.1	Einleitung	8
3.2	Zahnradpumpe mit Außenverzahnung	9
3.3	Zahnradpumpe mit Innenverzahnung	10
3.4	Flügelzellenpumpe	10
3.5	Kolbenpumpen	11
4	**Hydraulische Motoren**	**13**
4.1	Einleitung	13
4.2	Hydromotoren	13
4.3	Hydraulikzylinder	14
4.4	Schwenkmotoren	16
4.5	Kavitation	17
5	**Wegeventile**	**18**
5.1	Einleitung	18
5.2	Ventilbauarten	18
5.3	Möglichkeiten für Anschluß und Montage	20
5.4	Betätigungsarten	20
5.5	Indirekte Betätigung	21
6	**Druckventile**	**22**
6.1	Druckbegrenzungsventil	22
6.2	Grundschaltungen für das Druckbegrenzungsventil	25
6.3	Druckreglerventile	27
7	**Drossel- und Stromregelventile**	**28**
7.1	Einleitung	28
7.2	Drosselventile	28
7.3	2-Wege-Stromregelventil	29
7.4	3-Wege-Stromregelventil	31
8	**Rückschlag- und Senkbremsventile**	**32**
8.1	Rückschlagventil	32
8.2	Gesteuertes Rückschlagventil	32
8.3	Senkbremsventile	33
8.4	Schlauchbruchsicherung	33
9	**Aufbereitung**	**34**
9.1	Filter	34
9.2	Kühlung	36
9.3	Behälter	36
9.4	Druckspeicher	37
9.5	Meßinstrumente	39
10	**Grundschaltungen**	**40**
10.1	Offene und geschlossene Anlage	40
10.2	Hydraulisches Schema eines Autokrans	43
11	**Hydraulikflüssigkeiten und -leitungen**	**44**
11.1	Hydraulikflüssigkeiten	44
11.2	Starre und flexible Leitungen	47
11.3	Leitungsverbindungen	48
12	**Wartung und Störungen**	**49**
12.1	Wartung	49
12.2	Störungen	49

Übersicht über die häufigsten Symbole der Hydraulik

	Arbeitsleitung		einfachwirkender Zylinder		Sperrventil
	Steuerleitung oder Leckleitung		doppeltwirkender Zylinder		Schnellkupplung a) gekuppelt b) entkuppelt
	Umrandungslinie für zusammengehörige Bauelemente		Zylinder mit durchgehender Kolbenstange		Wechselventil
	Leitungsverbindung		Differentialzylinder		Druckspeicher
	Leitungskreuzung		Zylinder mit einfacher, einstellbarer Dämpfung		Filter
	Schlauch		Zylinder mit doppelter, einstellbarer Dämpfung		Kühler
	Elektromotor		Teleskopzylinder		Manometer
	Verbrennungsmotor		Wegeventil		Volumenstrommeßgerät
	Hydropumpe, 1 Strömungsrichtung, mit konstantem Verdrängungsvolumen		Rückschlagventil		Druckknopfbetätigung
	Hydropumpe, 2 Strömungsrichtungen, mit konstantem Verdrängungsvolumen		gesteuertes Rückschlagventil		Hebelbetätigung
	Hydropumpe, 1 Strömungsrichtung, mit veränderlichem Verdrängungsvolumen		Druckbegrenzungsventil		Pedalbetätigung
	Hydropumpe, 2 Strömungsrichtungen, mit veränderlichem Verdrängungsvolumen		2-Wege-Druckregelventil (VDMA-Version)		Federbetätigung
	Hydromotor, 1 Strömungsrichtung, mit konstantem Verdrängungsvolumen		3-Wege-Druckregelventil (VDMA-Version)		einstellbare Rollenbetätigung
	Hydromotor, 2 Strömungsrichtungen, mit konstantem Verdrängungsvolumen		einstellbare Drossel		Tasterbetätigung
	Hydromotor, 1 Strömungsrichtung, mit veränderlichem Verdrängungsvolumen		Drosselrückschlagventil		Magnetbetätigung
	Hydromotor, 2 Strömungsrichtungen, mit veränderlichem Verdrängungsvolumen		2-Wege-Stomregelventil (VDMA-Version)		Kombinierte Betätigung durch Elektromagnet und Vorsteuer-Wegeventil
	Hydromotor mit begrenztem Drehwinkel		3-Wege-Stromregelventil (VDMA-Version)		belüfteter Behälter

1 Einleitung

1.1 Was ist Hydraulik?

In der Technik versteht man unter Hydraulik, Kräfte und Bewegungen mittels Flüssigkeiten zu übertragen und unter Kontrolle zu halten.

Die Hydraulik ist eine Antriebs-, Steuer- und Regeltechnik, die aus heutigen Anlagen nicht mehr wegzudenken ist. Nahezu in jedem Fachgebiet begegnet man der Hydraulik:
- allgemeiner Maschinenbau,
- Fahrzeugtechnik,
- Landmaschinenbautechnik,
- Flugzeugtechnik,
- Raumfahrt,
- Schiffbau,
- Bergbautechnik.

Das Prinzip der hydraulischen Techniken ist nicht neu. Schon im 18. Jahrhundert wurde in London eine hydraulische Presse gebaut. Der Eiffelturm wurde mit wasserhydraulischen Winden errichtet. Aber auch schon in ferner Vergangenheit benutzte der Mensch Flüssigkeiten, um Energie zu übertragen. Beispiele dafür sind Funde von wasserkraftgetriebenen Werkzeugen und einer Kolbenpumpe aus Griechenland (200 v. Chr.). Das Wort Hydraulik stammt übrigens auch aus dem Griechischen: hydro (Wasser) und aulis (Rohr).

1.2 Kombinierte Techniken

Neben der Hydraulik begegnet man in der Praxis häufig der Pneumatik, Elektrotechnik, Elektronik und mechanischen Antriebstechniken.
Jede dieser Techniken hat ihre Vor- und Nachteile, weshalb oft verschiedene Techniken kombiniert werden.
So wird zum Beispiel das Steuerteil hydraulischer Anlagen oft elektrisch bzw. elektronisch kontrolliert. Daher spricht man von „elektrohydraulischer Regeltechnik".

Gegenüber den anderen Techniken bietet die Hydraulik besondere Vorteile:
- Große Kräfte und Momente sind bei geringen Abmessungen der Bauelemente möglich, d. h. eine hohe Leistungsdichte.
- Geschwindigkeiten, Kräfte und Momente sind stufenlos regulierbar.
- Sie ermöglicht eine sehr genaue und konstante Positionierung (z. B. für Robotersteuerungen).
- Geradlinige Bewegungen sind direkt realisierbar (hydraulische Zylinder).
- Hydraulische Energie kann gespeichert und zurückgewonnen werden (Druckspeicher).
- Hydraulische Anlagen sind gegen Überlastung gesichert.

Nachteile der Hydraulik sind:
- Sie ist teuer.
- Hydraulische Anlagen sind schmutzanfällig, so daß eine gute Aufbereitung der Druckflüssigkeit erforderlich ist.
- Es besteht die Möglichkeit von inneren und äußeren Leckagen.
- Relativ schlechter Wirkungsgrad.
- Häufig deutliche Geräuschentwicklung.

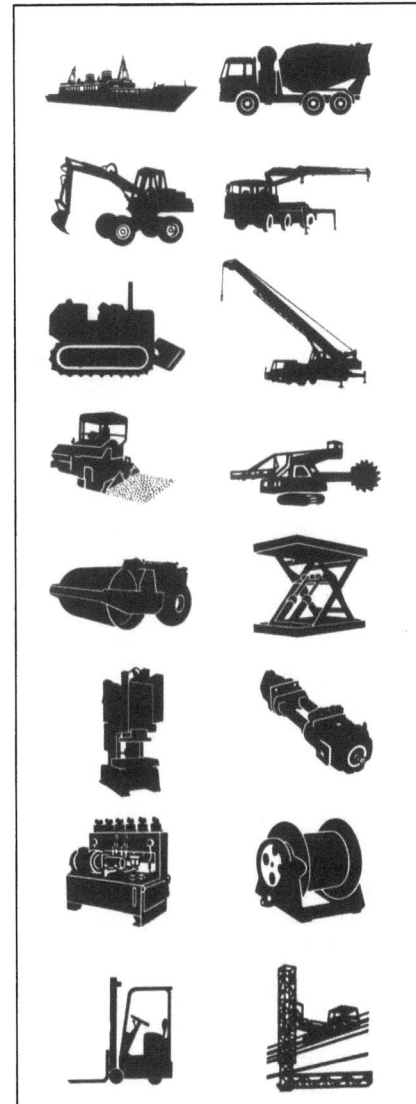

Bild 1-1

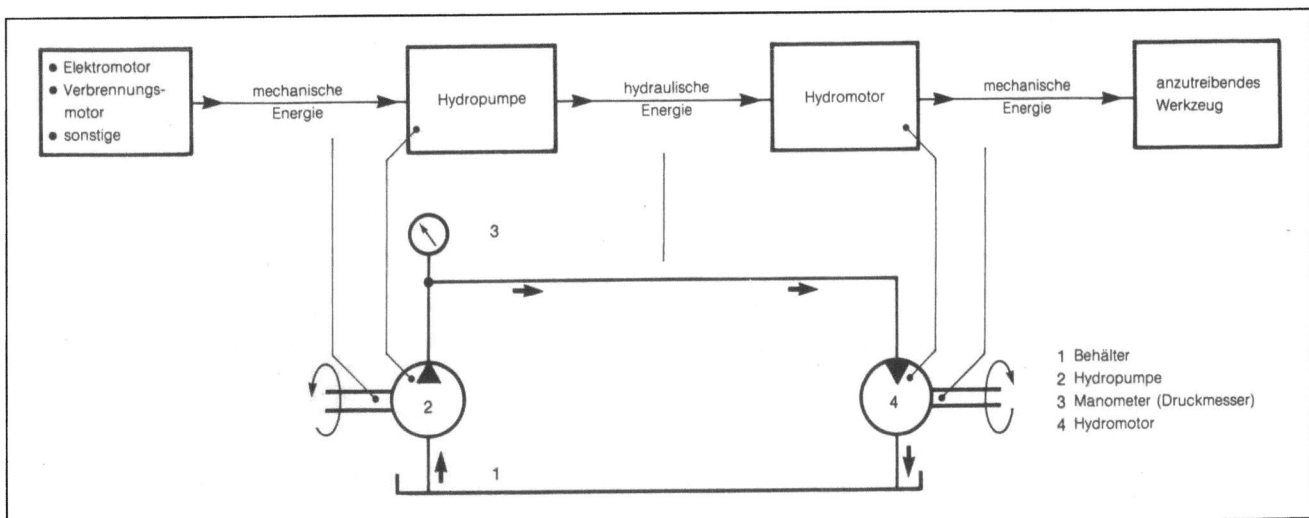

1 Behälter
2 Hydropumpe
3 Manometer (Druckmesser)
4 Hydromotor

Bild 1-2

1.3 Energieübertragung in hydraulischen Anlagen

Im Bild 1-2 ist schematisch dargestellt, wie in einer hydraulischen Anlage Energie umgewandelt und transportiert wird.

Von einem Elektro- oder Verbrennungsmotor wird eine Hydropumpe angetrieben. Die Hydropumpe wandelt mechanische in hydraulische Energie um.
Über die Hydraulikflüssigkeit wird die hydraulische Energie zum Hydromotor übertragen und dort in mechanische Energie umgewandelt. Der Hydromotor treibt ein Werkzeug an.

Als Hydraulikflüssigkeit werden in der Praxis meist mineralische Hydrauliköle eingesetzt. Andere mögliche Flüssigkeiten sind:
- synthetische Öle,
- Wasser,
- Gemische aus Wasser und Öl,
- Glycole,
- Phosphorsäureether,
- Rapsöl.

1.4 Hydrostatik

Wenn wir in der Praxis von hydraulischen Antrieben sprechen, so meinen wir im allgemeinen Anlagen, die nach den Gesetzen der *Hydrostatik* funktionieren, der Lehre von den ruhenden Flüssigkeiten.
Bei einem hydrostatischen Antrieb ist die Energie in der Flüssigkeit hauptsächlich in Form von Druck vorhanden. Die Ölteilchen haben eine geringe Geschwindigkeit, und die kinetische Energie der Flüssigkeit kann gegenüber der Druckenergie vernachlässigt werden.
Hydrostatische Antriebe arbeiten in der Regel mit hohen Drücken zwischen 1 und 70 MPa (10 bis 700 bar) und relativ niedrigen Fließgeschwindigkeiten der Flüssigkeit.

1.5 Physikalische Grundbegriffe

Hydraulische Anlagen funktionieren nach den Gesetzen der Hydrostatik, von denen das wichtigste das Pascalsche Gesetz ist. Dieses Gesetz lautet:
„Auf eine ruhende Flüssigkeit ausgeübter Druck pflanzt sich in einem geschlossenen Behälter in allen Richtungen gleichmäßig fort."
Bild 1-3 verdeutlicht das Pascalsche Gesetz und seine Anwendung.

Auf die Kolbenfläche A_2 wirkt eine Last, die auf den Kolben eine Kraft F_2 ausübt. Diese Kraft verursacht im geschlossenen, mit Flüssigkeit gefüllten System einen Druck p von:

$$p = \frac{F_2}{A_2}$$

Nach dem Pascalschen Gesetz wirkt dieser Druck auf die Kolbenfläche A_1. Die Kraft F_1, die ausgeübt werden muß, damit Kolben 1 sich nicht bewegt, beträgt:

$$F_1 = p \cdot A_1 = \frac{F_2}{A_2} \cdot A_1$$

Berechnungsbeispiel:
Die Last übt eine Kraft F_2 von 12000 N aus.
Kolbenfläche $A_2 = 10$ cm² = 0,001 m²
Kolbenfläche $A_1 = 1$ cm² = 0,0001 m²

Gesucht wird
a) der Druck p in der Flüssigkeit
b) die Kraft F_1.

a) $p = \frac{F_2}{A_2} = \frac{12000 \text{ N}}{0,001 \text{ m}^2} = 12000000 \ \frac{\text{N}}{\text{m}^2}$

$= 12000000$ Pa (1 N/m² = 1 Pa)

b) $F_1 = \frac{F_2}{A_2} \cdot A_1 = \frac{12000 \text{ N}}{0,001 \text{ m}^2} \cdot 0,0001 \text{ m}^2$

$= 1200$ N

Die Kraft F_1 beträgt 1/10 der Last. Daher spricht man auch von einem hydraulischen Hebel.

Im Berechnungsbeispiel wird für die Einheit des Drucks die SI-Einheit Pa (Pascal) verwendet. Aus praktischen Gesichtspunkten wird auch mit Kilo- oder Megapascal sowie immer noch mit der Einheit Bar gearbeitet.

1 kPa	(Kilopascal)	= 1000 Pa
1 MPa	(Megapascal)	= 1000000 Pa
1 bar		= 100000 Pa
		(= 100000 N/m²)

Auf unser Berechnungsbeispiel angewendet bedeutet das:
12000000 Pa = 12000 kPa = 12 MPa = 120 bar.

Aus dem Beispiel geht also hervor, daß der Druck in einer hydraulischen Anlage vom Widerstand bestimmt wird, den das Öl auf seinem Weg antrifft.
Praktisch ist der Widerstand meist die Belastung der Anlage, d. h. im Berechnungsbeispiel die Last von 12000 N.

Die Geschwindigkeit, mit der sich hydraulische Motoren und Zylinder bewegen, wird außer von den Abmessungen dieser Bauelemente auch von der Ölmenge bestimmt, die je Zeiteinheit gefördert wird, dem sogenannten Volumenstrom q_v. Der Volumenstrom wird von der Pumpe der Anlage gefördert und in der Praxis meist in Litern je Minute (l/min) angegeben. Die SI-Einheit von q_v lautet m³/s.

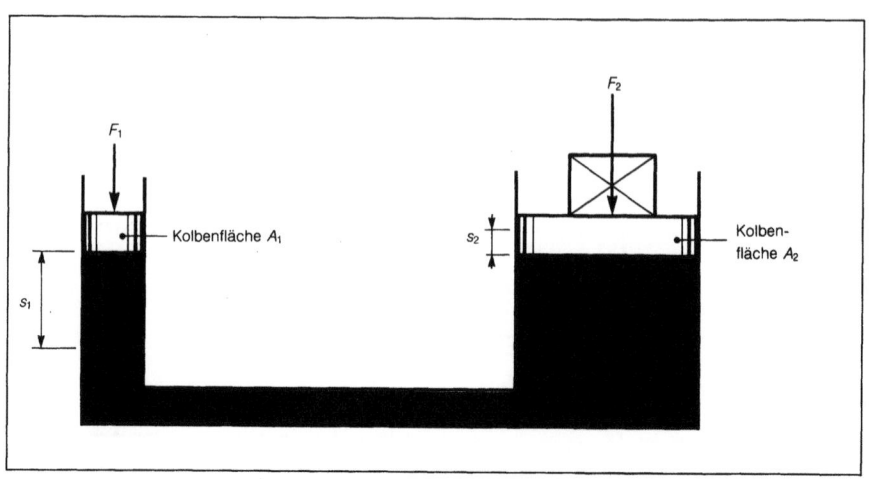

Bild 1-3

Berechnungsbeispiel 2

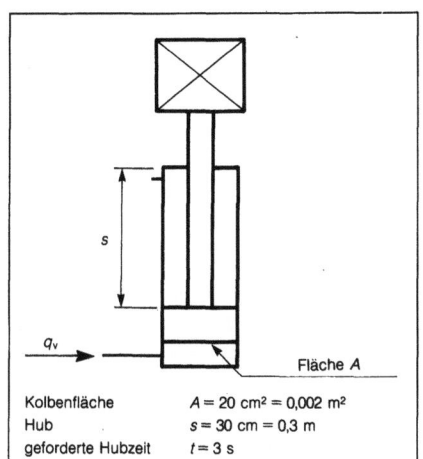

Kolbenfläche	$A = 20\ cm^2 = 0{,}002\ m^2$
Hub	$s = 30\ cm = 0{,}3\ m$
geforderte Hubzeit	$t = 3\ s$

Bild 1-4

Gesucht wird der erforderliche Volumenstrom.

Damit der Zylinder seinen Hub durchführen kann, ist ein Ölvolumen erforderlich von:

$V = A \cdot s = 0{,}002\ m^2 \cdot 0{,}3\ m$

$= 0{,}0006\ m^3$.

Dieses Volumen muß in 3 s gefördert werden

$q_v = \dfrac{V}{t} = \dfrac{0{,}0006\ m^3}{3\ s}$

$= 0{,}0002\ m^3/s = 12\ l/min$.

1.6 Hydraulische Leistung

Unter der hydraulischen Leistung P versteht man die Leistung, die von der Flüssigkeit übertragen wird.

Die Formel für die hydraulische Leistung lautet:

$P_h = p \cdot q_v$

Darin sind
P_h = Leistung (W)
q_v = Volumenstrom (m³/s)
p = Druck (Pa)

In dieser Formel müßte anstelle von p eigentlich Δp stehen, das Druckgefälle über ein Bauelement oder eine Leitung. Die aufgenommene oder abgegebene Leistung ist zu dieser Druckdifferenz proportional (Bild 1-5).

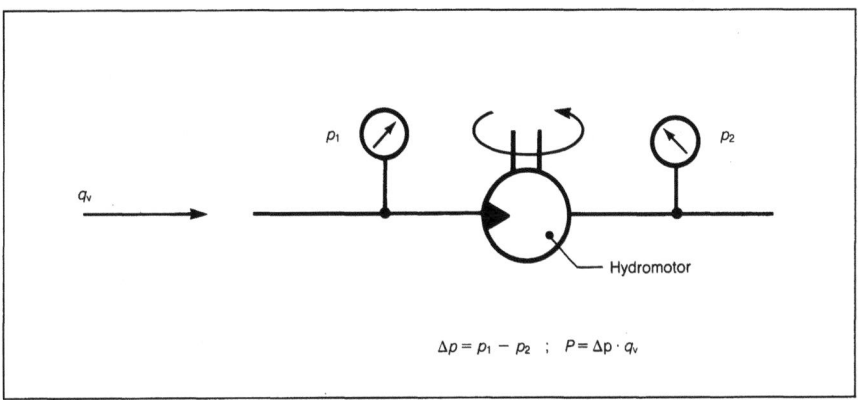

$\Delta p = p_1 - p_2\ ;\ P = \Delta p \cdot q_v$

Bild 1-5

Beispiel:
Siehe Bild 1-6.
Eine Pumpe fördert $3 \cdot 10^{-3}\ m^3/s$ Öl bei einem Druck von 12 MPa.
Dann beträgt die hydraulische Leistung:

$P_h = p \cdot q_v = 12 \cdot 10^6\ Pa \cdot 3 \cdot 10^{-3}\ m^3/s$

$= 36\,000\ W = 36\ kW$.

Da bei der Energieumwandlung immer Verluste auftreten, liegt die zum Antrieb der Pumpe erforderliche Leistung höher als die hydraulische Leistung.
Wenn der Gesamtwirkungsgrad der Pumpe 90% beträgt, muß im Berechnungsbeispiel der Antriebsmotor eine Leistung abgeben von:

$P_m = \dfrac{P_h}{\eta_t} = \dfrac{36\ kW}{0{,}9} = 40\ kW$

P_m = Leistung des Antriebsmotors (kW)
P_h = hydraulische Leistung (kW)
η_t = gesamter Pumpenwirkungsgrad (-)

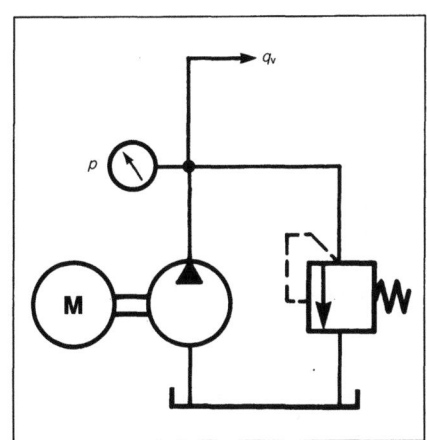

Bild 1-6

2 Einteilung in Gruppen und Schaltungstechnik

2.1 Aufbau einer hydraulischen Anlage

Im Bild 2-1 ist eine einfache hydraulische Anlage schematisch dargestellt. Sie besteht aus verschiedenen Bauelementen, die jeweils spezifische Funktionen erfüllen.

Die Bauelemente sind in Baugruppen eingeteilt, d. h. in die
- Pumpengruppe,
- Steuerungsgruppe,
- Aufbereitungsgruppe und
- Motorgruppe.

- Die Pumpengruppe ist die Energiequelle der hydraulischen Anlage. Zur Pumpengruppe gehören:
  - der Antriebsmotor der Pumpe,
  - die Pumpe,
  - der Behälter,
  - eventuelle Druckspeicher.

- Die Steuerungsgruppe erfüllt eine Steuer- und Regelfunktion, die dafür sorgt, daß die Hydraulikflüssigkeit in der richtigen Menge und mit dem richtigen Druck am richtigen Ort ankommt. Zu dieser Gruppe gehören Wegeventile und weitere Komponenten, wie z. B. Strom- und Druckregelventile.

- Die Aufbereitungsgruppe dient dazu, den optimalen Zustand der Hydraulikflüssigkeit und der Anlage aufrecht zu erhalten. Zu dieser Gruppe gehören Filter, Kühler und Heizung. Auch Strom- und Druckventile können je nach Anwendung zu dieser Gruppe gerechnet werden. Diese Ventile können also sowohl in der Steuerungsgruppe als auch in der Aufbereitungsgruppe vorkommen.

- Die Motorgruppe (Verbraucher) wandelt die hydraulische in mechanische Energie um und sorgt für den Antrieb der Last. Zu dieser Gruppe gehören: Hydromotoren, Zylinder und Schwenkmotoren.

2.2 Schaltungstechnik

Das Anlagenschema im Bild 2-1 enthält nur Informationen über die Funktion der Anlage und der verschiedenen Bauelemente.

Zur einfachen und eindeutigen Kennzeichnung wurde für jedes Bauelement ein Symbol entwickelt. Dieses Symbol kennzeichnet eine Funktion, d. h. die Wirkungsweise des jeweiligen Elements kann aus dem Symbol *nicht* entnommen werden.

Die normierten Symbole finden sich in DIN ISO 1219. Im vorliegenden Lehrmaterial ist zu Beginn eine Übersicht über die wichtigsten Symbole enthalten.

Das aus Symbolen aufgebaute Schema nennt man Funktionsschaltplan. Einen solchen Funktionsschaltplan lesen zu können, ist für die Wartung, Fehlersuche und Beseitigung von Störungen sehr wichtig.

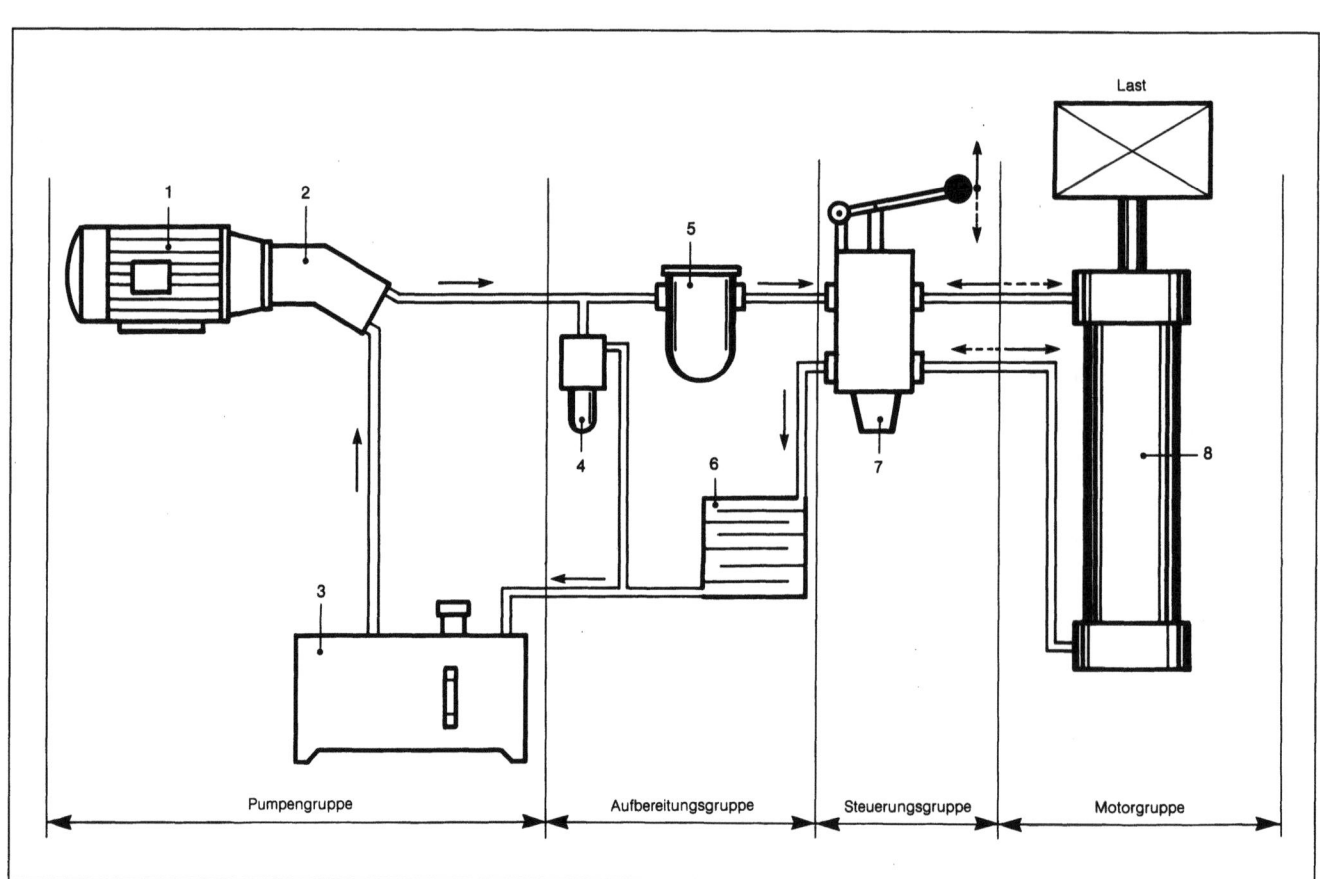

Bild 2-1: Der Elektromotor (1) treibt eine Hydropumpe (2) an.
Die Hydropumpe (2) saugt Öl aus dem Behälter (3) und fördert es unter Druck in die Anlage. Das Druckbegrenzungsventil (4), auch Sicherheitsventil genannt, begrenzt den Druck in der Anlage auf den maximal zulässigen Wert. Das Filter (5) reinigt das in die Anlage gelangende Öl. Durch Betätigung des Wegeventils (7) wird der hydraulische Zylinder (8) in Abhängigkeit von der Betätigungsrichtung ein- oder ausgefahren. Zum Abschluß wird das vom Steuerschieber (7) zum Behälter (3) zurückströmende Öl im Ölkühler (6) abgekühlt.

Bild 2-2 zeigt den Funktionsschaltplan der Anlage aus Bild 2-1.

Aus Bild 2-2 läßt sich folgendes ablesen:
Die von einem Elektromotor (1) angetriebene Pumpe (2) saugt Öl aus dem Behälter (3) an und pumpt es über das Filter (5), das Wegeventil (7) und den Ölkühler (6) zurück zum Behälter. Der Druck, den die Pumpe mit ihrem Volumenstrom überwinden muß, richtet sich nach dem Widerstand, auf den das Öl im Filter, Ventil und Ölkühler stößt.
Im allgemeinen ist dieser Widerstand sehr gering, und man spricht daher vom drucklosen Umlauf des Öls.

Im Bild 2-3 ist das Wegeventil (7) in betätigter Stellung gezeichnet.
Jetzt wird das Öl über das Wegeventil zur Bodenseite des Zylinders geleitet, wodurch die Kolbenstange nach außen gedrückt wird (der Zylinder wird ausgefahren).
Der Druck in Richtung Pumpe wird nun von der Last auf den Zylinder bestimmt, und die Ausfahrgeschwindigkeit des Zylinders richtet sich nach dem Förderstrom der Pumpe (q_v).
Das Öl an der Kolbenstangenseite wird über das Wegeventil und den Ölkühler in den Behälter abgeführt; dabei ist der Druck an der Stangenseite fast Null.
Bleibt das Wegeventil betätigt, auch nachdem der Zylinder seine äußerste Stellung erreicht hat, würde ohne besondere Vorkehrungen der Druck im System unzulässig hoch ansteigen. Die Folge wäre, daß das schwächste Bauelement der Anlage platzt. Das wird vom Druckbegrenzungsventil (4) verhindert.
Der Pumpen- oder Anlagendruck wirkt dazu auf die Feder des Überdruckventils. Erreicht der Pumpendruck den Federdruck, dann wird der „Pfeil" nach unten gedrückt, und der Förderstrom der Pumpe fließt zurück in den Behälter.
Beim Loslassen des Betätigungshebels des Wegeventils (7) sorgen zwei Federn für sein Zentrieren, so daß er wieder in die Mittelstellung zurückkehrt.
Jetzt wird das Öl wieder drucklos umgepumpt.
Bei entgegengesetzter Betätigung des Steuerschiebers wird der Zylinder wieder eingefahren.
Für alle Schaltsymbole gilt, daß sie in der Ruhestellung des Bauelements bei ausgeschalteter Anlage dargestellt werden.

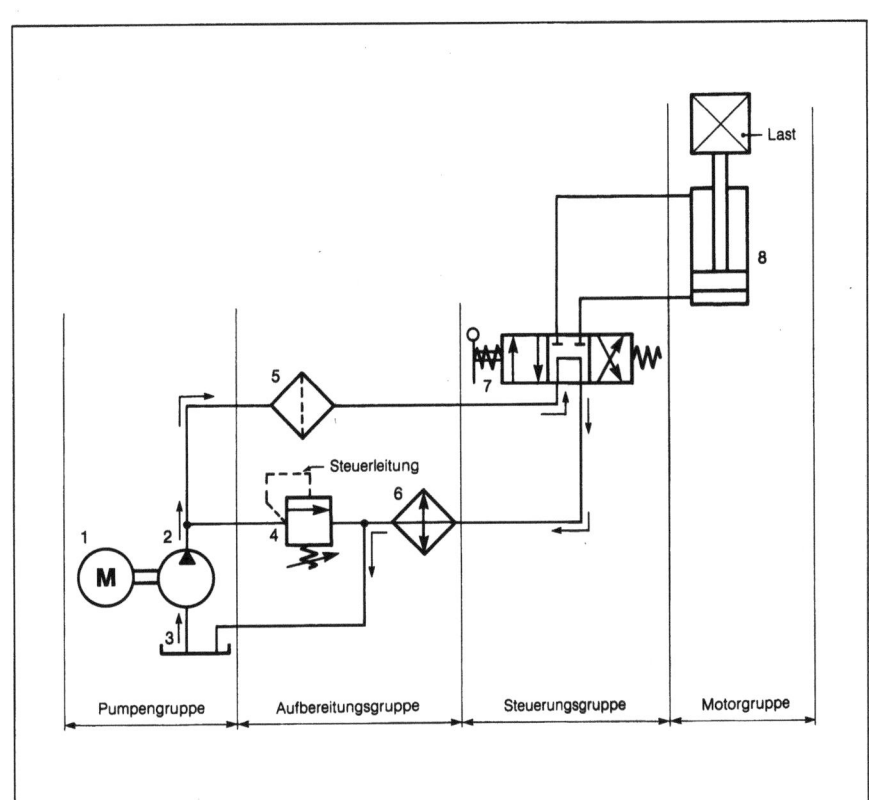

Bild 2-2: Funktionsschaltplan

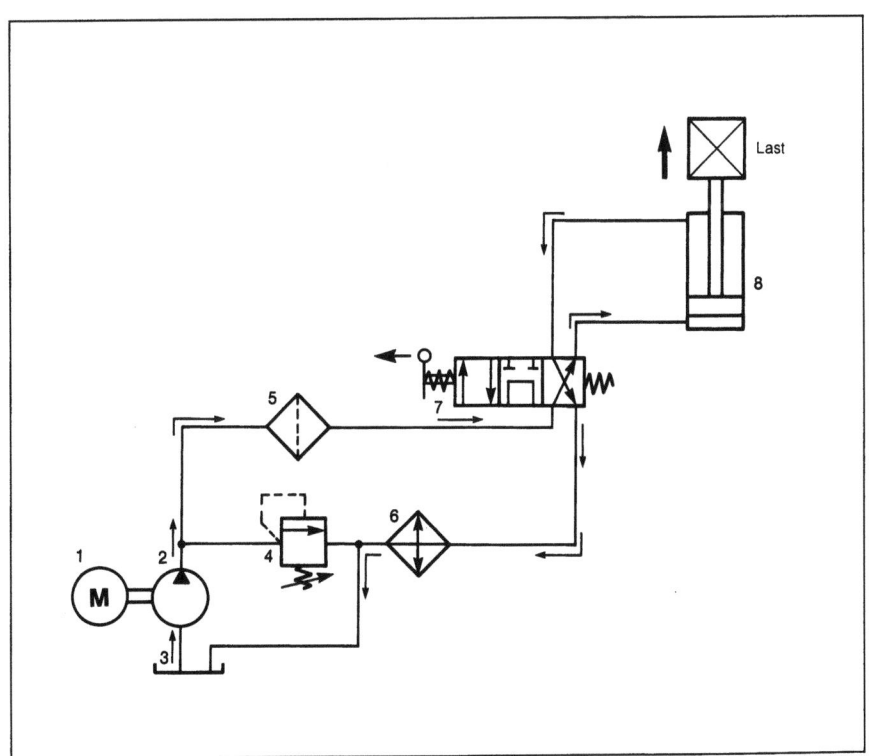

Bild 2-3

3 Hydropumpen

3.1 Einleitung

Die Hydropumpe ist der Kern der hydraulischen Anlage. Die der Pumpenwelle zugeführte (mechanische) Leistung in Form von Drehmoment und Drehzahl ($P_h = T \cdot 2 \pi n$) wird von der Pumpe in hydraulische Leistung in Form von Volumenstrom und Druck umgewandelt ($P = p \cdot q_v$), wobei der Druck vom Druckgefälle in der Anlage bestimmt wird.

Fast alle Pumpen, die in der Hydraulik eingesetzt werden, arbeiten nach dem Verdrängerprinzip.

Wenn der Kolben im Bild 3-1 nach rechts bewegt wird, entsteht im Zylinder ein Unterdruck, wodurch über das Saugventil Öl aus dem Behälter angesaugt wird. Das Druckventil bleibt infolge des Drucks in der Anlage geschlossen. Wird der Kolben nach links bewegt, dann wird das Öl über das Druckventil unter Druck in die Anlage gefördert.
Das Saugventil bleibt durch den Druck im Zylinder geschlossen.

Die Pumpenförderung (Volumenstrom q_v) wird vom Hubvolumen (V) und der Drehzahl (n) der Pumpe bestimmt. Zumeist wird das Hubvolumen in Kubikzentimeter je Umdrehung angegeben.
Wenn die Drehzahl bekannt ist, läßt sich der Volumenstrom berechnen.

Berechnungsbeispiel:
Pumpe $V = 10$ cm³/U
$n = 960$ U/min

$q_v = V \cdot n$

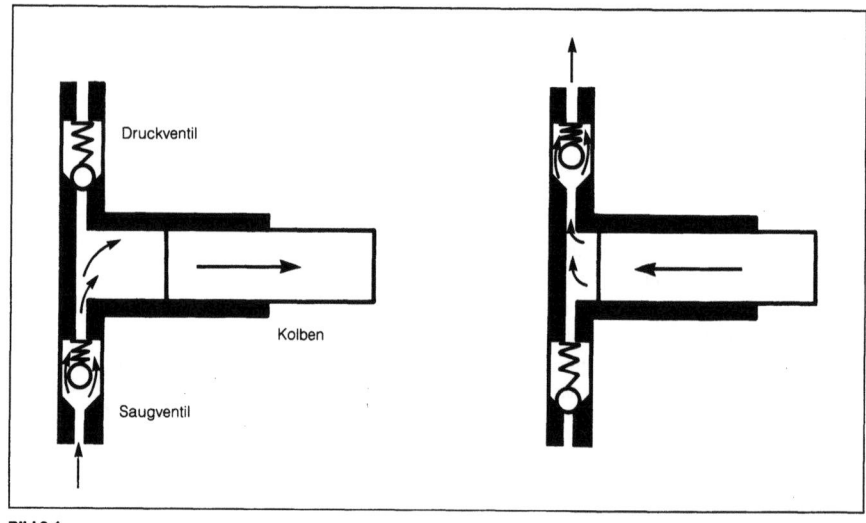

Bild 3-1

$= 10 \cdot 10^{-6}$ m³/U $\cdot \dfrac{960}{60}$ U/s

$= 1{,}6 \cdot 10^{-4}$ m³/s $= 9{,}6$ l/min.

Die Förderung von Verdrängerpumpen (hydrostatischen Pumpen) ist vom Druck in der Anlage nahezu unabhängig (Bild 3-2). Aber da in der Pumpe Lecköl vom Druckteil zum Saugteil oder in das Pumpengehäuse zurückfließt, geht die Förderung bei steigendem Druck etwas zurück.
Die Leckölmenge beträgt etwa 5 bis 15% der berechneten Ölförderung.
Bei einigen Pumpenbauformen und bei den meisten Hydromotoren muß Lecköl drucklos nach außen abgeführt werden.

Andernfalls steigt der Druck im Pumpengehäuse zu stark an, wodurch Öl an den Dichtungsringen austritt oder der Wellendichtring aus dem Gehäuse gepreßt wird.
Bei einer Hydropumpe oder einem Hydromotor muß der Leckanschluß immer an der höchstgelegenen Stelle liegen, damit das Pumpengehäuse für Schmier- und Kühlzwecke mit Öl gefüllt bleibt.
Nach ihrer Ausführung lassen sich Pumpen einteilen in:

– Zahnradpumpen,
– Flügelzellenpumpen und
– Kolbenpumpen.

Zahnradpumpen haben ein konstantes Verdrängungsvolumen, d. h. bei konstanter Antriebsdrehzahl ist ihre Förderung ebenfalls konstant. *Flügelzellenpumpen* und *Kolbenpumpen* können mit einem veränderlichen Verdrängungsvolumen hergestellt werden, so daß sich der Förderstrom trotz konstanter Antriebsdrehzahl dem Bedarf anpassen läßt.

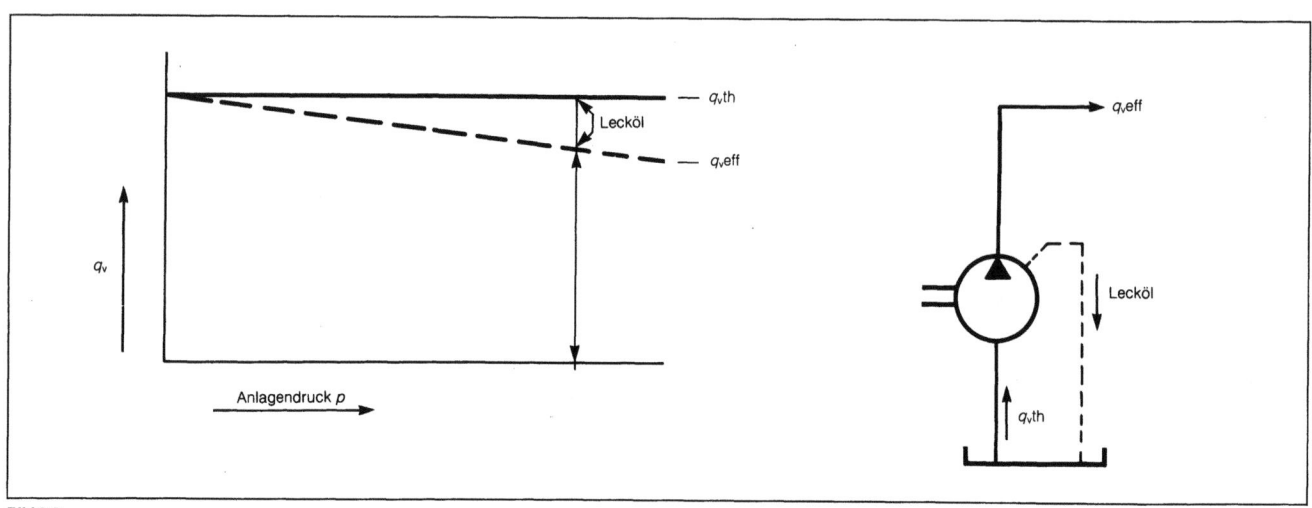

Bild 3-2

q_vth = theoretische Förderung, berechnet anhand von Hubvolumen und Drehzahl $q_v$eff = effektive Förderung

Hydropumpen

3.2 Zahnradpumpe mit Außenverzahnung

Bild 3-3 zeigt einen Schnitt durch diese Art der Zahnradpumpe.

Zahnrad a wird von der Antriebswelle in der angegebenen Richtung angetrieben und nimmt dabei Zahnrad b mit. An der linken Seite der Pumpe verlassen die Zähne die Zahnlücken. Durch die Volumenvergrößerung entsteht ein Unterdruck, Öl wird angesaugt und in den Zahnlücken mitgeführt. An der rechten Seite der Pumpe greifen die Zähne wieder ineinander, und Öl wird aus den Zahnlücken in die Anlage gepumpt.

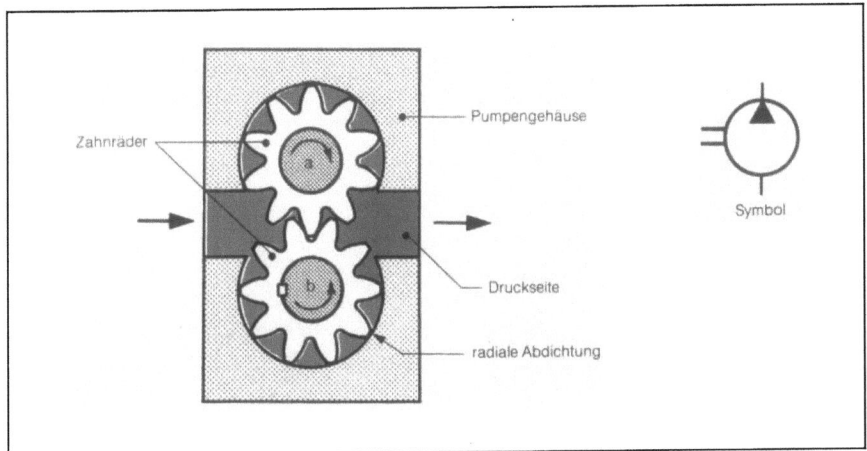

Bild 3-3

Druck- und Saugseite werden in der Pumpenmitte durch die Zahnflanken der Zähne voneinander getrennt, die im Eingriff sind.
Am Außenumfang der Zahnräder laufen die Zahnköpfe am Gehäuse und sorgen dort für eine radiale Abdichtung.
In Axialrichtung (siehe Bild 3-4) bewegen sich die Zahnräder an den Lagerplatten oder dem Lagersitz, so daß auch hier Saug- und Druckseite getrennt sind.
Je nach Anlagendruck tritt Öl an den Dichtflächen aus.
Zur Begrenzung dieser Leckverluste bei höheren Drücken wird bei vielen Zahnradpumpen der Anlagendruck hinter den Lagersitz geführt (siehe Bild 3-4).
Bei steigendem Anlagendruck wird der Lagersitz dann mit großer Kraft gegen die Zahnräder gepreßt, wodurch der Leckspalt kleiner wird und weniger Öl austritt. Man bezeichnet dies auch als Kompensieren des Axialspalts.

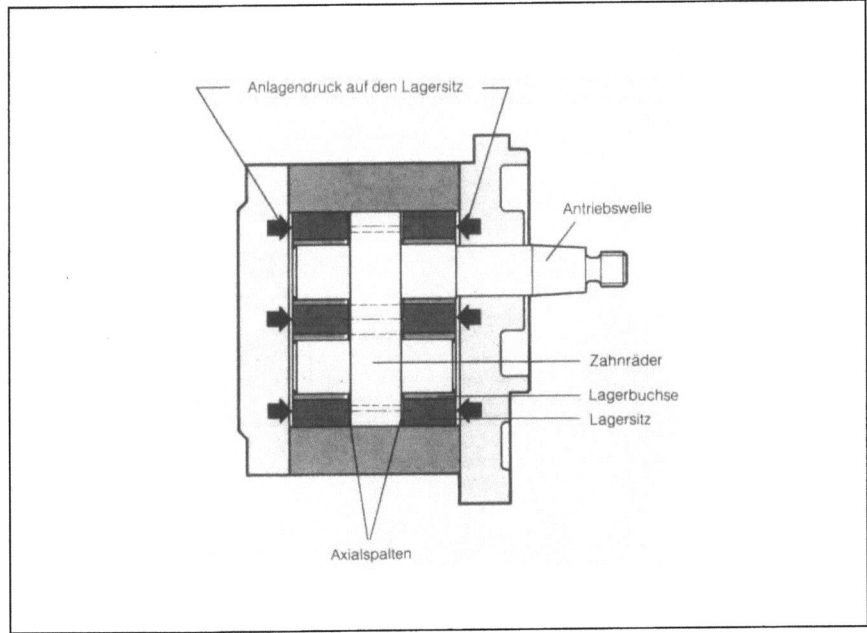

Bild 3-4

Allgemeine Daten von Zahnradpumpen:
Üblicher Druckbereich: 7–14 MPa (70–140 bar)
Hochdruckpumpe : bis 25 MPa (250 bar)
Wirkungsgrad : 60–90%
Hubvolumen : 0,25–250 cm³/U
Drehzahlbereich : 200–6000 U/min
Volumenstrom : abhängig von Drehzahl und nur mit konstantem Verdrängungsvolumen

Anwendungsgebiete:
– Fahrzeugtechnik
– allgemeiner Maschinenbau
– Landmaschinenbauhydraulik
} relativ preisgünstige Pumpen

– Flugzeughydraulik

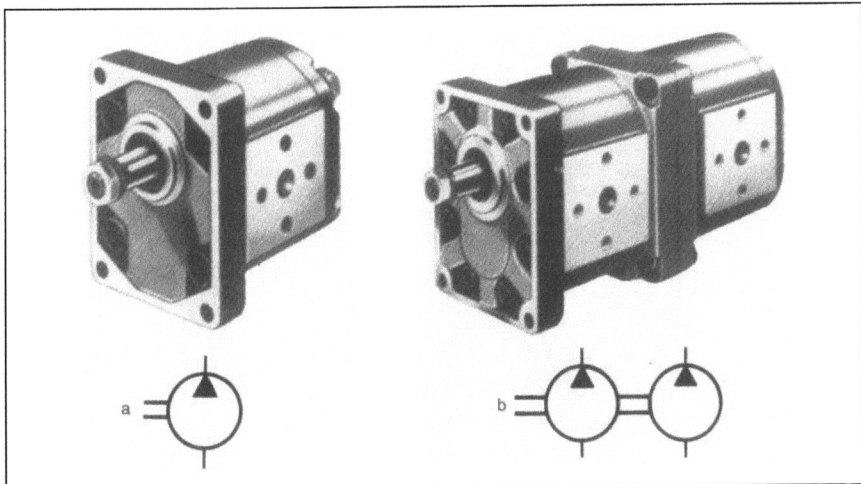

Bild 3-5: a) praktische Ausführung einer Zahnradpumpe
b) zwei gekoppelte Zahnradpumpen, sogenannte Tandemausführung

3.3 Zahnradpumpe mit Innenverzahnung

Bild 3-6 zeigt eine Zahnradpumpe mit Innenverzahnung und sichelförmigem Hilfstück.
Zahnrad (1) wird von außen angetrieben und nimmt dabei den Ring mit der Innenverzahnung (2) in der angegebenen Richtung mit.
Bei a verlassen die Zähne die Zahnlücken. Durch den entstehenden Unterdruck wird Öl aus dem Behälter angesaugt.
Bei b greifen die Zähne ineinander, und das Öl wird zur Druckleitung verdrängt.
Das sichelförmige Hilfstück (3) sorgt für die Trennung von Saug- und Druckseite (Druckbereich bis 320 bar/32 MPa).

3.4 Flügelzellenpumpe

Die Flügelzellenpumpe besteht aus einem Gehäuse, Stator genannt, und einem exzentrisch angeordneten Rotor. In den Rotor sind Flügel radial eingesetzt (Bild 3-7).
Die Flügel werden durch die Fliehkraft und zusätzliche Federn gegen den Stator gedrückt, wodurch die Abdichtung zustande kommt.
Bei Drehung des Rotors steigt infolge der Fliehkraft die Andruckkraft zwischen Flügeln und Stator.

Wirkung: Die im Bild 3-7 dargestellte Pumpe dreht nach links. Bei drehendem Rotor nimmt das Zellenvolumen an der rechten Pumpenseite zu. Dort entsteht ein Unterdruck, und Öl wird angesaugt.
An der linken Seite der Pumpe nimmt das Zellenvolumen ab. Dort entsteht ein Überdruck, und Öl wird in die Druckleitung gepreßt.

Wird die exzentrische Lage des Rotors gegenüber dem Stator einstellbar gestaltet, kann man die Pumpenförderung stufenlos dosieren und erhält eine Pumpe mit verstellbarem Verdrängungsvolumen.

Im Bild 3-8 ist der Stator soweit verschoben, daß keine Exzentrizität mehr vorhanden ist. Jetzt hat die Pumpe die Förderstellung Null und liefert trotz Rotorantrieb keinen Volumenstrom.

Wird der Stator über diese Nullstellung hinaus weiterbewegt, dann kehrt die Strömungsrichtung des Öls um, ohne daß die Drehrichtung der Pumpe verändert wird.

Merkmale von Flügelzellenpumpen:
- gleichmäßige Förderung, ruhiger Lauf
- geringe Laufgeräusche
- preisgünstig
- Druckbereich 15–20 MPa (150–200 bar).

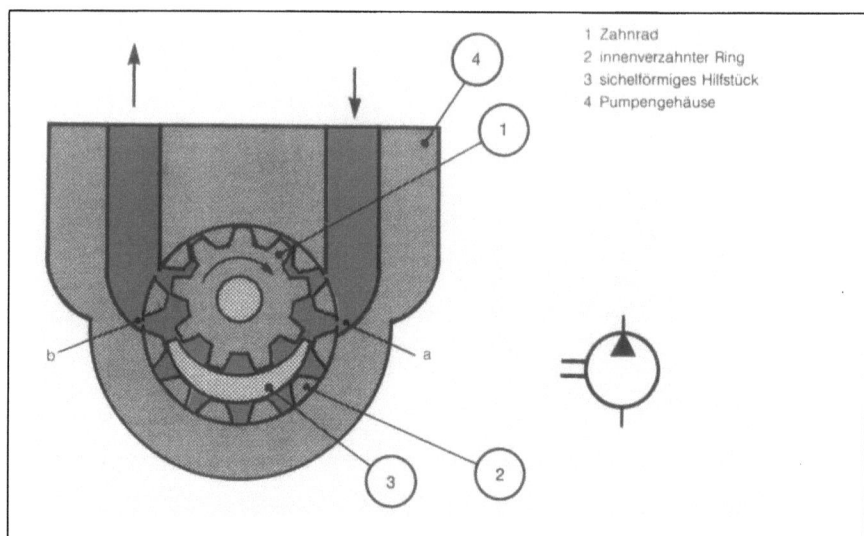

Bild 3-6: Dieser Pumpentyp wird außer im allgemeinen Maschinenbau (Druckbereich bis 30 MPa oder 300 bar) auch häufig in der Fahrzeugtechnik als Hydropumpe für Automatikgetriebe und Drehmomentwandler sowie als Schmierölpumpe für den Verbrennungsmotor eingesetzt. Die Pumpe hat eine gleichmäßige Förderung und geringe Laufgeräusche.

1 Zahnrad
2 innenverzahnter Ring
3 sichelförmiges Hilfstück
4 Pumpengehäuse

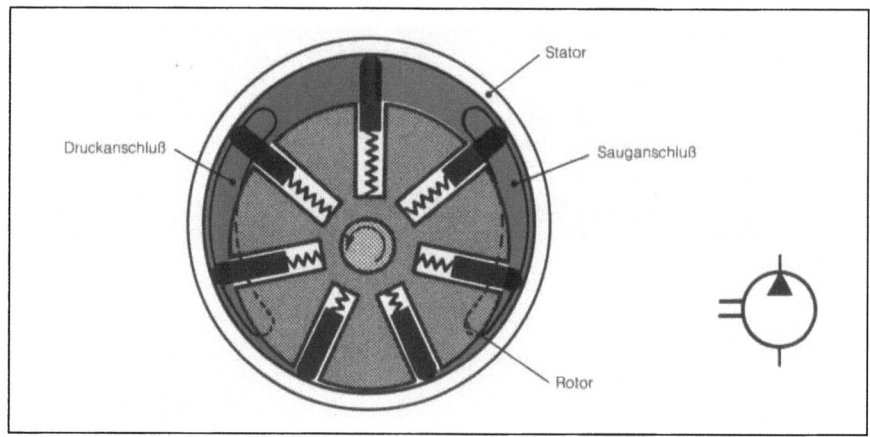

Bild 3-7: Flügelzellenpumpe

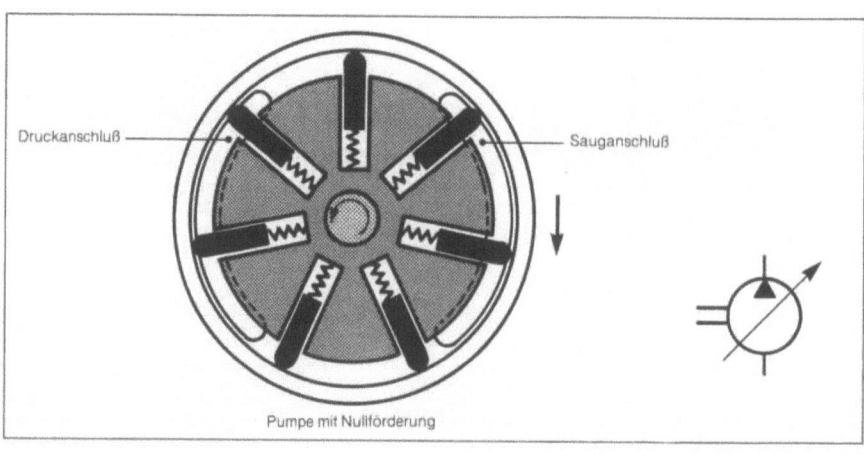

Bild 3-8: Pumpe mit Nullförderung

Anwendungsgebiete von Flügelzellenpumpen:
- Werkzeugmaschinen,
- Spritzgußmaschinen,
- Land- und Straßenbaumaschinen,
- Luftfahrthydraulik,
- mobile hydraulische Anlagen.

3.5 Kolbenpumpen

Nach ihrem Betriebsdruck lassen sich hydraulische Anlagen einteilen in:
- Hochdruckanlagen 35–45 MPa (350–450 bar)
- Mittelhochdruckanlagen 25–35 MPa (250–350 bar)
- Mitteldruckanlagen 15–25 MPa (150–250 bar)
- Niederdruckanlagen 0–15 MPa (0–150 bar)

Für Anlagen zwischen 20 und 50 MPa (200–500 bar) werden hauptsächlich Kolbenpumpen eingesetzt. Der Grund dafür ist, daß diese Pumpen auch bei hohen Betriebsdrücken einen hohen Wirkungsgrad haben.

Nach der Stellung der Kolben zur Antriebswelle unterscheidet man:
- Reihenkolbenpumpen,
- Radialkolbenpumpen,
- Axialkolbenpumpen.

Reihenkolbenpumpen begegnet man in der Hydraulik kaum. Zumeist kommen solche Pumpen in Hochdruck-Wasserspritzanlagen zum Einsatz.
Bei Radialkolbenpumpen stehen die Kolben sternförmig um die Antriebswelle. Sie bewegen sich senkrecht zur Antriebswelle.

Bild 3-9 zeigt eine Radialkolbenpumpe mit verstellbarem Verdrängungsvolumen und zwei Strömungsrichtungen.
Der Zylinderblock wird von außen angetrieben und nimmt dabei die Kolben mit. Die Kolbenfüße sind mit Gleitschuhen versehen, die zwangs-

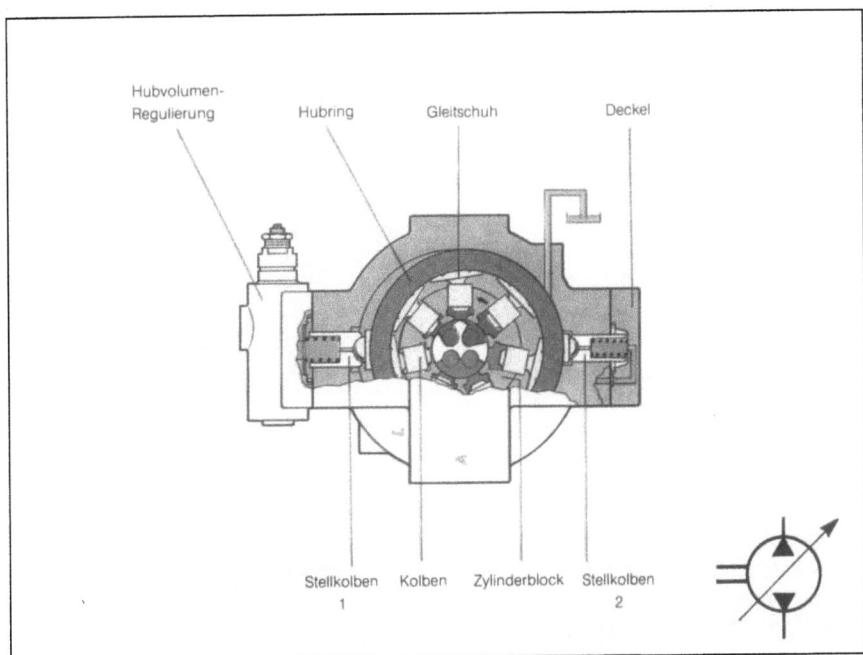

Bild 3-9

läufig dem Hubring folgen. Da der Hubring exzentrisch angebracht ist, kommt es zur radialen Bewegung der Kolben. Durch Verstellung der Exzentrizität ist das Verdrängungsvolumen verstellbar.

Eine mit der Antriebswelle drehende Verteilerscheibe sorgt dafür, daß jeder Zylinder zum richtigen Zeitpunkt mit der Saug- oder Druckleitung verbunden ist.

Radialkolbenpumpen werden im allgemeinen Maschinenbau, in Bodenbewegungsmaschinen, Schiffen usw. angewendet. Die Pumpen eignen sich für hohe Betriebsdrücke (700 bar), haben eine kurze Einbaulänge.

Bei Axialkolbenpumpen bewegt sich eine ungerade Zahl von Kolben parallel zur Antriebswelle, also in axialer Richtung.
Die Pumpen werden mit konstantem und veränderlichem Verdrängungsvolumen geliefert und sind für schwere Beanspruchungen geeignet.

Mit über 90% liegt der Gesamtwirkungsgrad dieser Pumpen hoch. Ihr Anwendungsgebiet ist umfangreich.

Nach der Bauform unterscheidet man:
- Kolbenpumpen mit feststehendem Zylinderblock,
- Kolbenpumpen mit rotierendem Zylinderblock in Schrägscheibenausführung,
- Kolbenpumpen mit rotierendem Zylinderblock in Schrägachsenausführung.

Im Bild 3-10 ist eine Axialkolbenpumpe mit feststehendem Zylinderblock gezeigt. Bei dieser Pumpe treibt die Welle eine sogenannte Schrägscheibe an. Die Schrägscheibe ist die schiefgelagerte Platte, mit der die Drehbewegung in eine axiale Kolbenbewegung umgewandelt wird.

Die Pumpe im Bild 3-11 besitzt eine feststehende Schrägscheibe und einen rotierenden Zylinderblock. Der große Vorteil dieser Konstruktion ist, daß keine Saug- und Druckventile erforderlich sind. Der Zylinderblock läuft an einer sogenann-

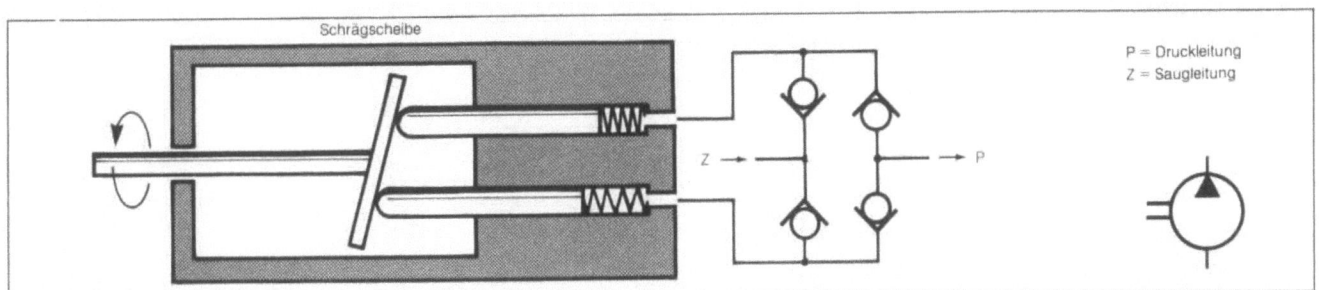

Bild 3-10: Axialkolbenpumpe mit feststehendem Zylinderblock. Die Kolben werden von Federn gegen die Schrägscheibe gedrückt. Die Pumpe ist mit Saug- und Druckventilen versehen.

Hydropumpen

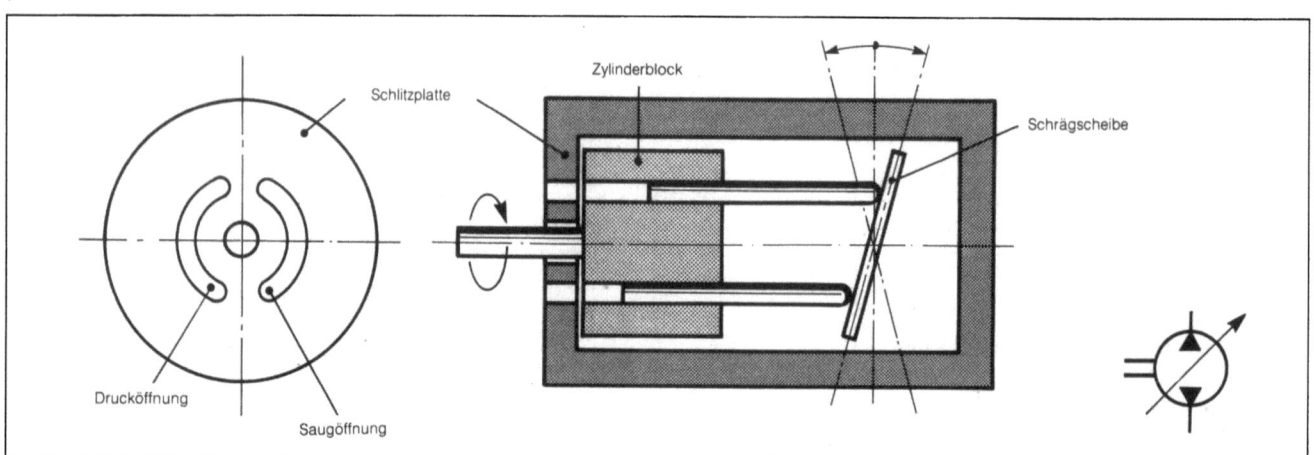

Bild 3-11

ten Schlitz- oder Spiegelplatte, die mit zwei nierenförmigen Schlitzen versehen ist, der Saug- und der Drucköffnung.

Wenn die Stellung der Schrägscheibe zum Zylinderblock verändert wird, läßt sich das Hubvolumen der Pumpe stufenlos regulieren. Wird die Schrägscheibe im Bild 3-11 senkrecht angeordnet, dann fördert die Pumpe trotz Antriebs keinen Volumenstrom. Schwenkt man die Scheibe über die Nullstellung hinaus, kommt es zur Umkehr der Ölstromrichtung.

Bei der Schrägachsen-Axialkolbenpumpe dreht sich sowohl die Schrägscheibe als auch der Zylinderblock (Bild 3-13). Der Zylinderblock wird von einer Zahnradübersetzung, einer Kardanwelle oder von den Kolben angetrieben.
Auch bei diesem Pumpentyp sind keine Ventile erforderlich.

Welche Art von Pumpe eingesetzt wird, hängt von verschiedenen Faktoren ab:
- Leistung,
- Druckbereich,
- Volumenstrom,
- Drehzahl,
- konstruktiven Forderungen wie
  - Betriebsbedingungen,
  - Abmessungen,
  - Lebensdauer,
  - Art und Genauigkeit der Regulierung,
- Laufgeräuschen,
- Kosten.

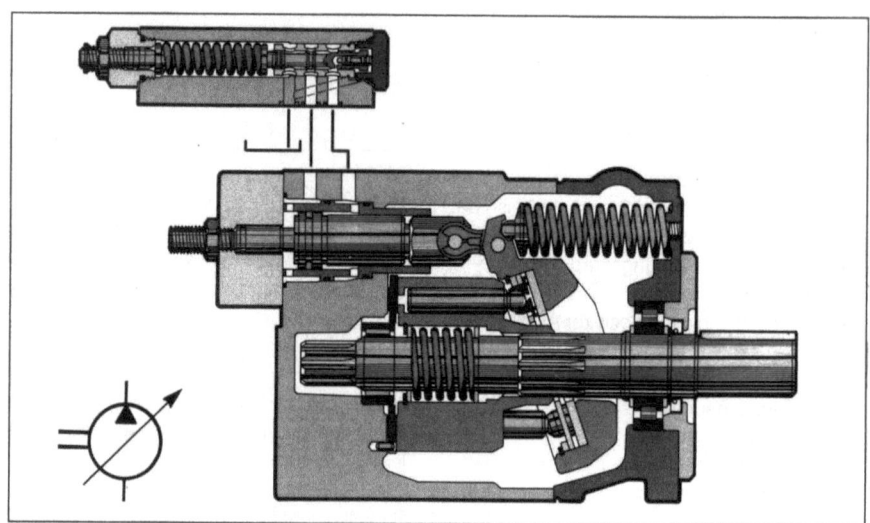

Bild 3-12: Pumpe mit regulierbarem Hubvolumen

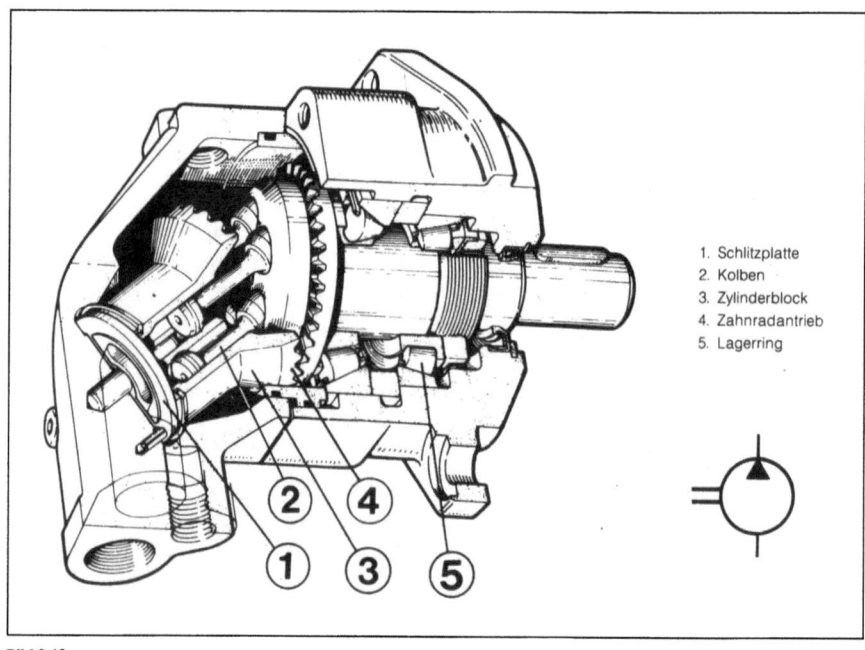

1. Schlitzplatte
2. Kolben
3. Zylinderblock
4. Zahnradantrieb
5. Lagerring

Bild 3-13

4 Hydraulische Motoren

4.1 Einleitung

Hydromotoren wird hydraulische Leistung in Form von Volumenstrom und Druck zugeführt ($P = p \cdot q_v$), die sie in mechanische Leistung umsetzen.
Nach der vom Hydromotor ausgeführten Bewegung unterscheidet man:
- Rotationsmotoren, meist kurz Hydromotoren genannt sowie
- Schwenkmotoren
- Linearmotoren, in der Praxis meist Hydraulikzylinder genannt.

4.2 Hydromotoren

In ihrem Aufbau entsprechen Hydromotoren weitgehend den bereits behandelten Pumpen. Prinzipiell kann eine Hydropumpe auch als Hydromotor arbeiten, sofern sie keine Ventile enthält (s. Bild 3-10).

Als Beispiel ist im Bild 4-1 der Schnitt durch einen Zahnradmotor zu sehen, wobei die Richtung des Ölflusses und die Drehrichtung der Zahnräder zu beachten sind.

Auch Hydromotoren können mit konstantem und mit veränderlichem Verdrängungsvolumen ausgeführt werden.
Wenn man bei einem Hydromotor in Schrägscheiben-Bauart die Schrägscheibe zurückschwenkt und damit das Hubvolumen verkleinert, steigt bei gleichbleibendem Flüssigkeitsdurchsatz seine Drehzahl.

Vor allem bei schweren Antrieben wie Winden, Rührwerken, Baggern usw. verwendet man Radialkolbenmotoren. Von diesen Motoren wird nämlich ein hohes Drehmoment bei einer geringen Drehzahl zur Verfügung gestellt. In der Praxis bedeutet das, daß z. B. zum Antrieb einer Windentrommel das Reduziergetriebe, welches normalerweise die Drehzahl des Hydromotors verringern muß, entfallen kann.

In der Mobilhydraulik wird der Radialkolbenmotor auch als Radmotor verwendet. Dabei ist der Motor in das Rad integriert, wodurch ein kompakter Antrieb geschaffen wird.
Hierbei gibt es Bauformen, bei denen das Gehäuse Bestandteil des Rades ist und mit diesen rotiert, während die Welle der Radaufhängung dient und stillsteht.

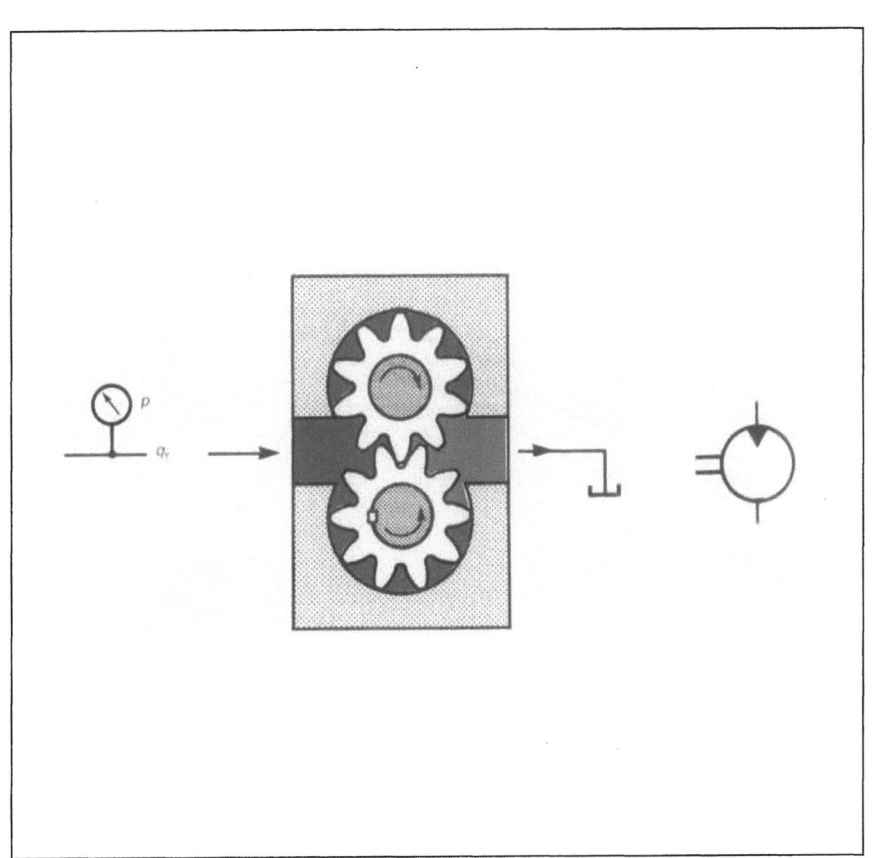

Bild 4-1

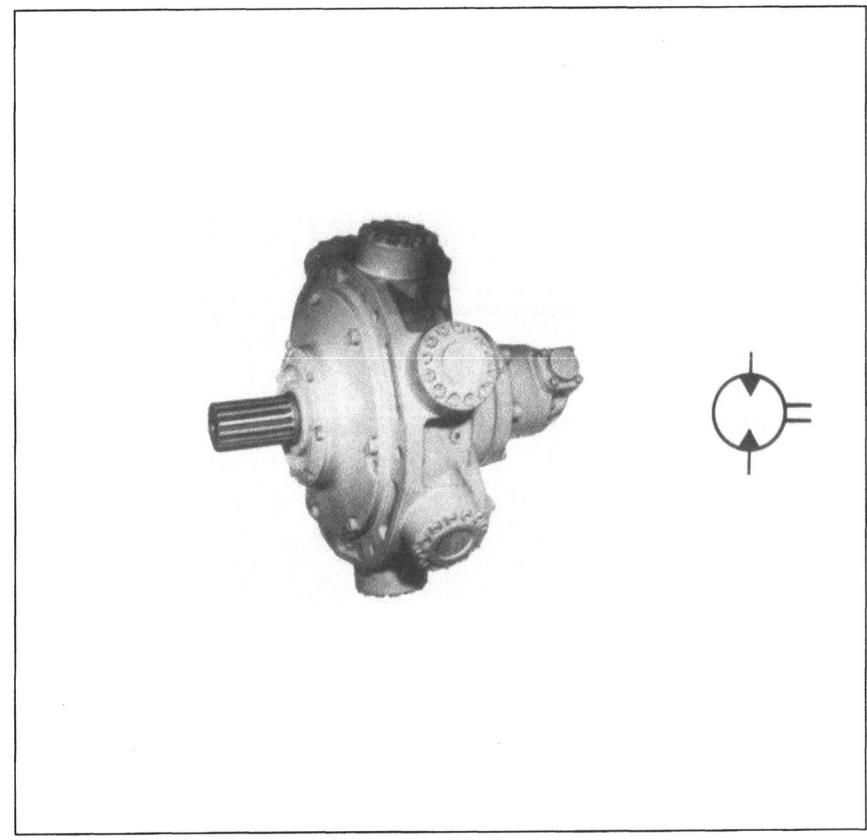

Bild 4-2: Radialkolbenmotor

4.3 Hydraulikzylinder

Für den Laien ist der Hydraulikzylinder wohl das bekannteste hydraulische Bauelement. Der Zylinder macht die hydraulische Kraftwirkung und die verschiedenen Arbeitsbewegungen deutlich sichtbar.
Vom Zylinder wird eine geradlinige Bewegung hervorgerufen, und er wird deshalb mitunter auch als Linearmotor bezeichnet.

Einfache Konstruktion, große Kraftdichte und die verschiedenen Befestigungsmöglichkeiten in Verbindung mit Hebeln bzw. Scharnieren machen den Zylinder zu einem sehr vielseitigen Konstruktionselement.

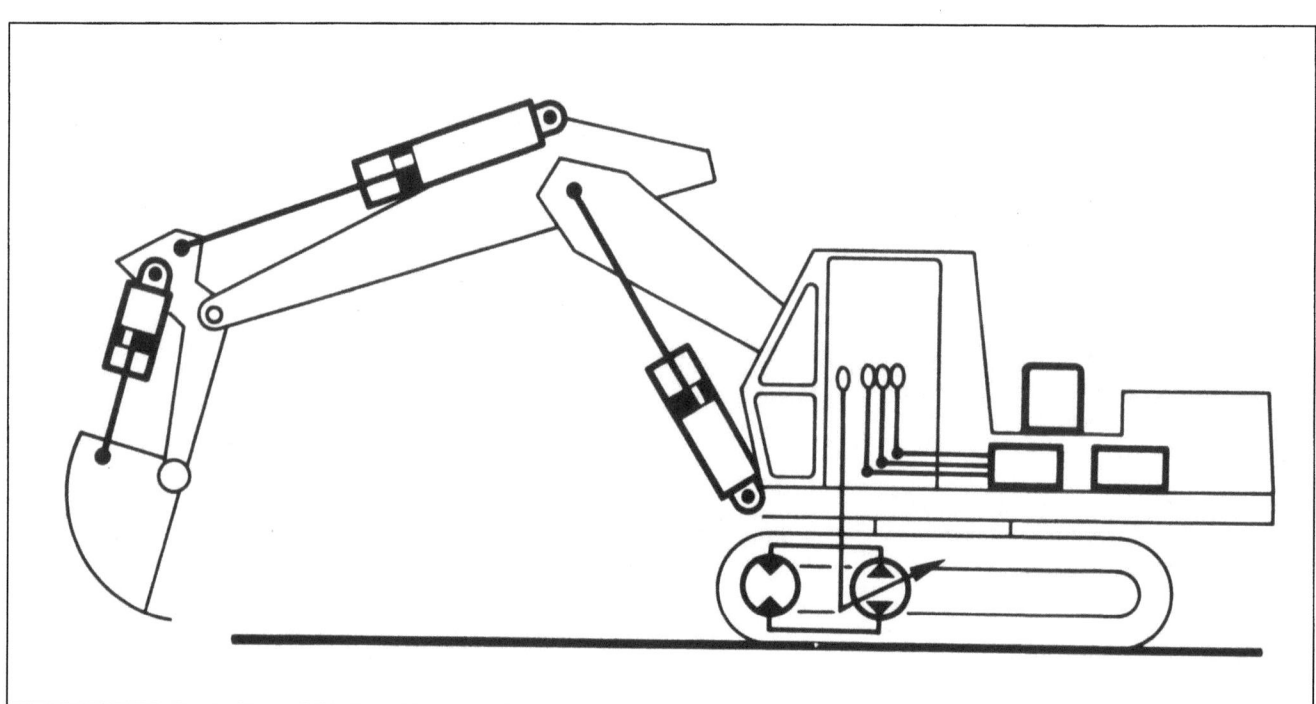

Bild 4-3

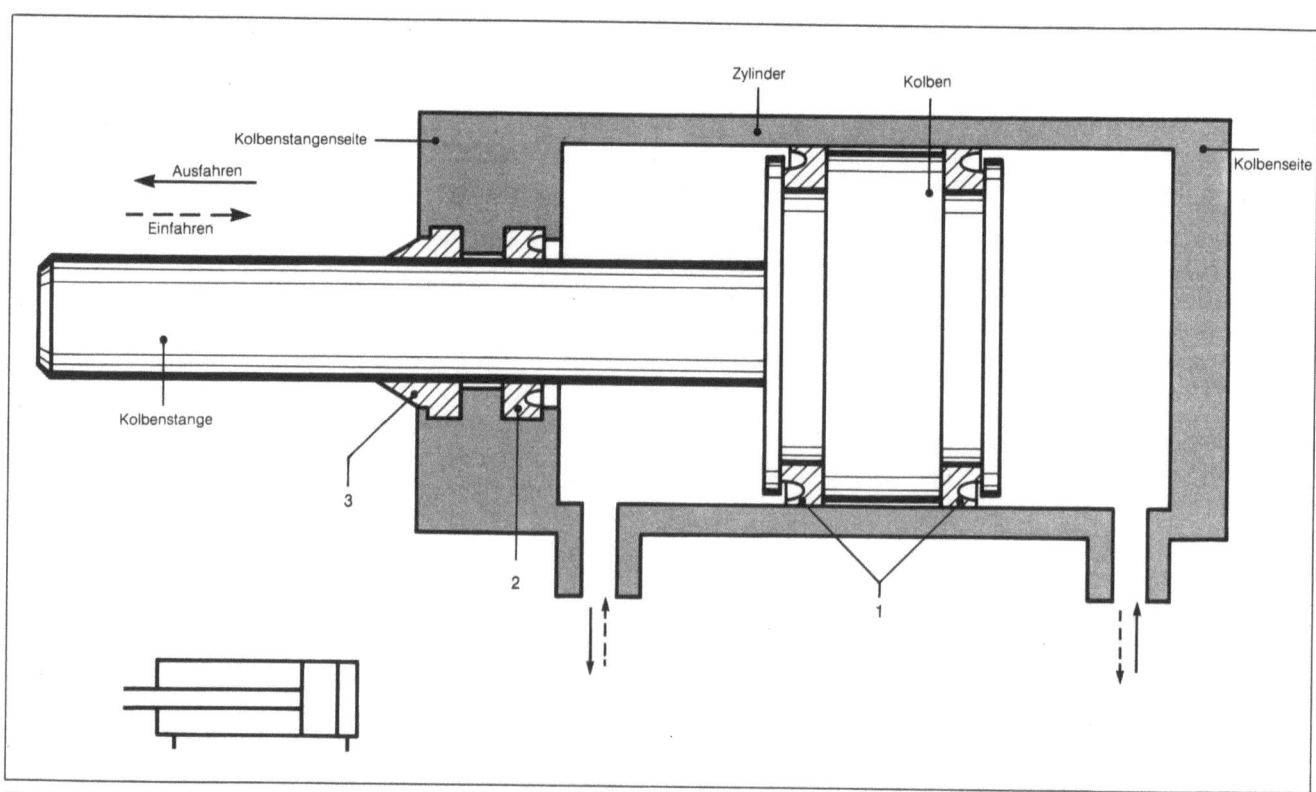

Bild 4-4

Hydraulische Motoren

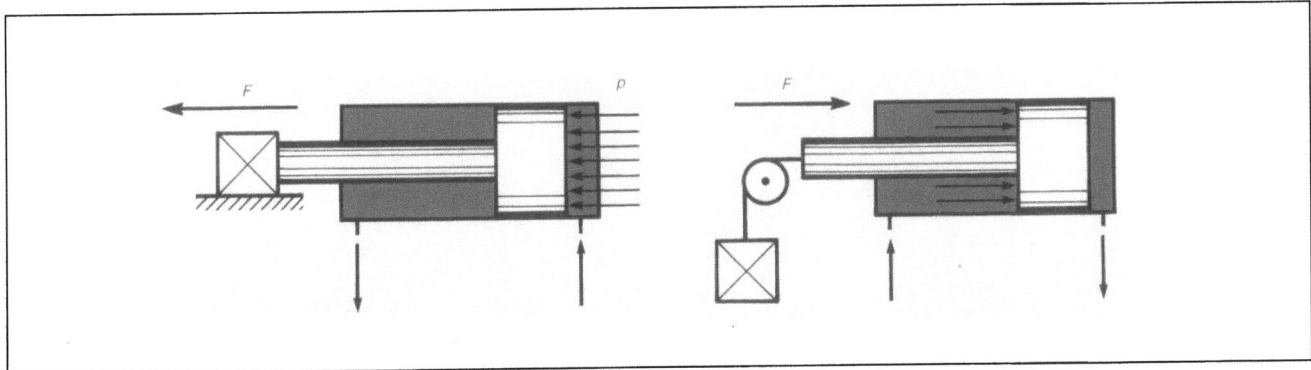

Bild 4-5

Bild 4-4 zeigt eine schematische Darstellung eines doppeltwirkenden Zylinders. Dieser Zylinder kann sowohl beim Einfahren als auch beim Ausfahren Kraft abgeben.

Wenn an der Kolbenseite Öl in den Zylinder gedrückt wird, fährt die Kolbenstange AUS. Von der Kolbenstangenseite des Zylinders wird das Öl dann über das Wegeventil in den Behälter abgeführt. Wird danach Öl an der Stangenseite zugeführt, so fährt die Kolbenstange EIN. Die beiden Kolbendichtungen (1) verhindern, daß Öl von der Kolbenseite zur Stangenseite oder umgekehrt fließen kann (innere Leckage).

Von der Kolbenstangendichtung (2) wird verhindert, daß Öl an der Kolbenstange nach außen austritt (äußere Leckage).

Der Schmutzabstreifer (3) hält die Kolbenstange sauber, so daß beim Einfahren des Zylinders die Stangendichtung nicht durch Schmutzteilchen beschädigt wird.

Bei inneren oder äußeren Leckagen muß ein Zylinderdefekt angenommen werden.

Da in einem doppeltwirkenden Zylinder die Druckfläche an der Kolbenseite größer als an der Kolbenstangenseite ist, kann die höchstmögliche Zugkraft nicht so groß wie die Druckkraft sein (Bild 4-5). Geht man davon aus, daß dem Zylinder sowohl beim Einfahren als auch beim Ausfahren der gleiche Volumenstrom zugeführt wird, dann ist die Ausfahrgeschwindigkeit geringer als die Einfahrgeschwindigkeit. Zum Ausfahren ist ja ein größeres Ölvolumen als zum Einfahren erforderlich.

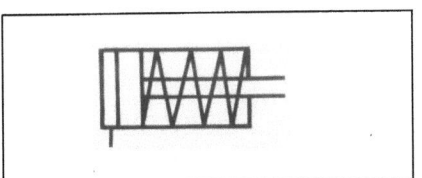

Bild 4-6: Einfach wirkender Zylinder

Bild 4-6 enthält das Symbol für einen einfachwirkenden Zylinder. Dieser Zylinder gibt nur beim Ausfahren Kraft ab. Durch eine Feder wird das Einfahren gewährleistet.

Am Ende des Hubs muß der Kolben abgebremst werden.

Liegt die Geschwindigkeit des Kolbens unter 0,1 m/s, kann der Kolben vom Zylinderboden oder Deckel abgestoppt werden.

Bei höheren Geschwindigkeiten muß der Zylinder mit einem hydraulischen oder pneumatischen Puffer versehen sein (siehe Bild 4-7), der sogenannten Endlagendämpfung.

Gegen Ende des Hubs verschließt der Pufferstift den freien Durchlaß, und das Restöl muß über die Drossel abgeführt werden.

Mit der einstellbaren Drossel läßt sich die gewünschte Verzögerung wählen. Beim Ausfahren läuft das Öl ungedrosselt über das Rückschlagventil zum Zylinder.

Ein Zylinder kann mit Endlagendämpfungen nur für eine, aber auch für beide Bewegungsrichtungen versehen sein.

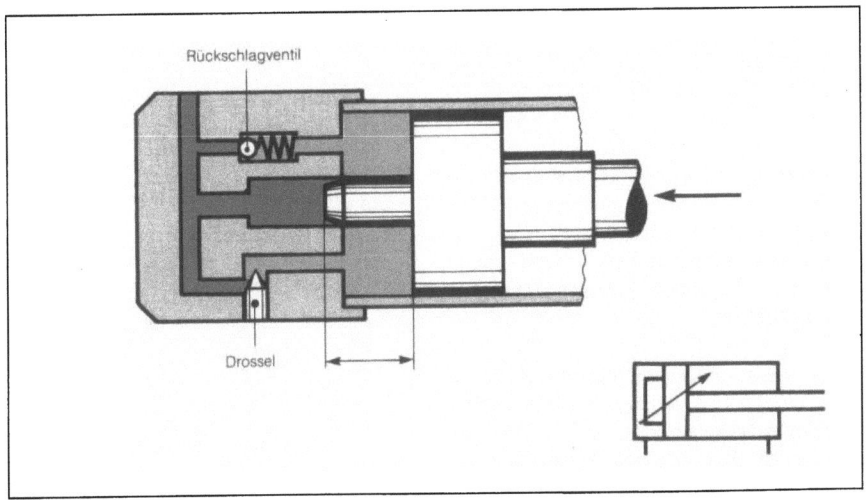

Bild 4-7

Hydraulische Motoren

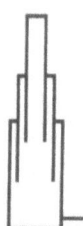

Bild 4-8

Im Bild 4-8 ist ein sogenannter Teleskopzylinder zu sehen. Dieser besteht aus mehreren ineinandergeschobenen Zylindern und wurde mit der Absicht entwickelt, kurze Einbaulängen mit großen Arbeitslängen zu kombinieren. Solche Zylinder werden meist zum Heben von Lasten angewendet, wie z. B. für Montage- und Hebebühnen, Teleskopkrane und Lastwagen mit Kippaufbauten.

4.4 Schwenkmotoren

Bei Schwenkmotoren dreht sich die Welle lediglich über einen begrenzten Winkel, zum Beispiel von 0° bis 360° oder von 0° bis 1440°.

Anwendung: Betätigung von Hebeln, Schiffsrudern, Drehwerken von Bodenbewegungsmaschinen, Robotern usw.
Die Motoren sind durch ein hohes Drehmoment und eine geringe Winkelgeschwindigkeit gekennzeichnet.

In Bild 4-9 ist ein sogenannter Drehzylinder zu sehen. Wenn an einer Flügelseite Öl zugeführt wird, kann die Welle einen begrenzten Drehwinkel überstreichen, in diesem Fall fast 360°.

Bei anderen Bauformen wird die Längsbewegung der Kolbenstange eines Zylinders über Zahnstange mit Zahnrad oder über Hebel in die Drehbewegung einer Welle umgesetzt.

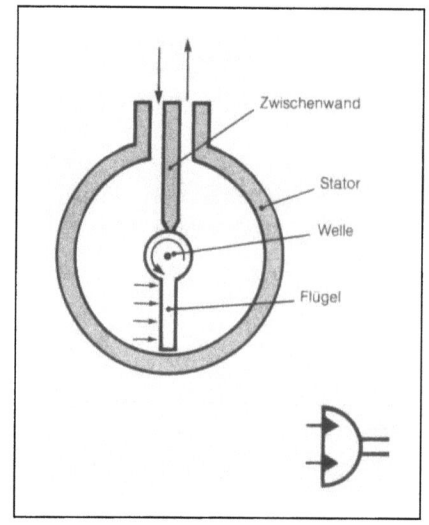

Bild 4-9

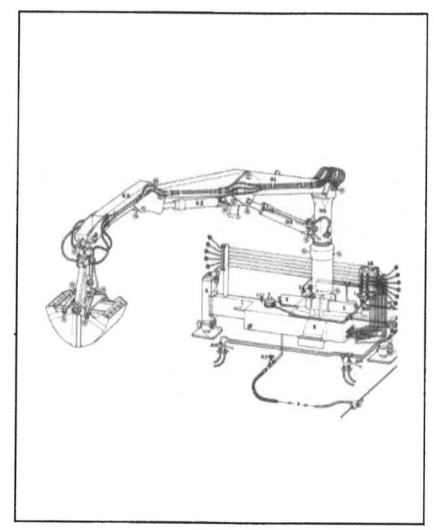

Bild 4-10

Schwenkmotoren werden vielfach in kleineren Baggern eingesetzt, zum Beispiel zum Drehen des Greifers über einen bestimmten Winkel (Bild 4-10).

4.5 Kavitation

Bei der Kavitation handelt es sich um eine gefährliche Erscheinung, die besonders großen Schaden an Hydropumpen und -motoren verursachen kann. Durch plötzlichen örtlichen Druckabfall entstehen in der Flüssigkeit Dampfblasen, und der Druck fällt unter den Dampfdruck der Flüssigkeit. Bei Druckerhöhung kommt es zur Implosion der Dampfblasen.

Dies geht einher mit einem polternden Geräusch, starkem Verschleiß und möglichen Erschütterungen der Maschine.

Bei der Implosion entwickeln sich Druckwellen mit örtlichen Spitzen von Hunderten von Bar und Frequenzen von einigen tausend Hertz. Die davon ausgehende schädigende Wirkung ist enorm.

Schon in wenigen Stunden kann eine Pumpe zerstört werden. Die dabei auftretenden Schäden sind:
– aus- und abbrechende Werkstoffe,
– „holzwurmartiger" Angriff auf Metalle.

Mögliche Ursachen der Kavitation sind:
– plötzliche hohe Geschwindigkeiten der Flüssigkeit infolge von Verengungen, Luft in der Anlage oder plötzliche Druckstöße;
– hohe Temperatur der Hydraulikflüssigkeit (Dampfdruck);
– Widerstand und dadurch Druckabfall im Saugteil der Anlage infolge einer zu engen Saugleitung, eines verstopften Saugfilters oder einer schlechten Belüftung des Ölbehälters.

Die Möglichkeit, daß es zu Kavitation kommt, läßt sich verringern durch:
– geringe Ansaughöhe,
– ausreichend große Leitungen, besonders Saugleitungen,
– ausreichend bemessene Saugfilter (rechtzeitig austauschen),
– glatt bearbeitete Oberflächen,
– wenig Luft im Öl,
– eventuellen Vordruck an der Pumpensaugseite.

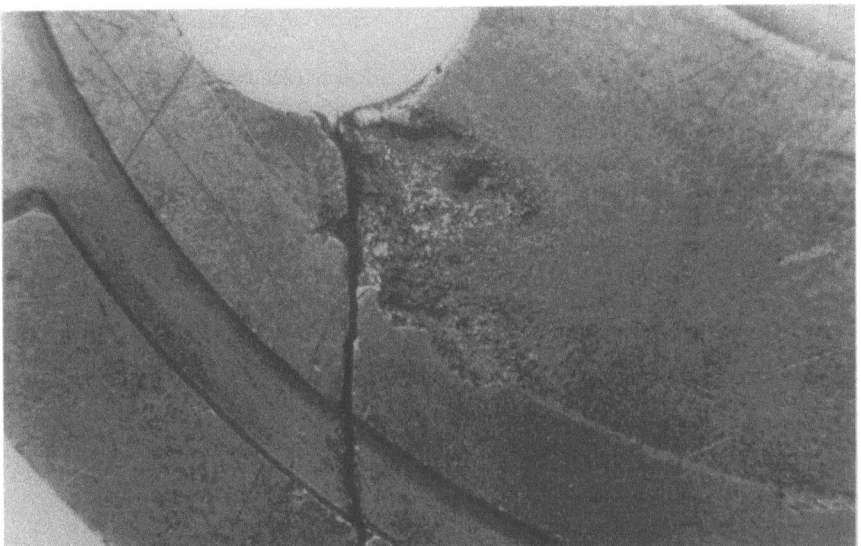

Bild 4-11: Aus den Abbildungen dieser Schlitzplatte geht der schädigende Einfluß der Kavitation klar hervor.

5 Wegeventile

5.1 Einleitung

Hydraulische Wegeventile beeinflussen die Strömungsrichtung der Hydraulikflüssigkeit.
Im Bild 5-1 ist schematisch eine Anlage dargestellt, in der ein Zylinder von einem 4/3-Wegeventil gesteuert wird. Wie aus dem Symbol hervorgeht, hat das Ventil 4 Anschlüsse, und das Symbol ist in 3 Felder eingeteilt: dabei stellt jedes Feld eine Schaltstellung dar. Durch Betätigung des Ventils, in diesem Fall von Hand, wird die gewünschte Schaltstellung eingestellt.

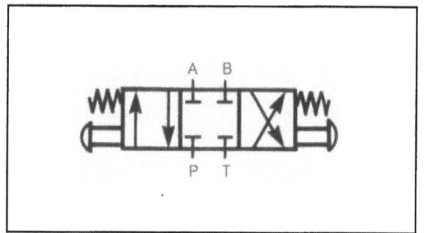

Bild 5-2

Die Ruhestellung des 4/3-Wegeventils im Bild 5-2 liegt in der Mitte.
Die Anschlüsse werden an dem Fach eingezeichnet, das die Schaltstellung des Ventils in Ruhe darstellt.

An den Anschlüssen sind Buchstaben zur Kennzeichnung vorgesehen, die man in der Praxis auch auf den Bauelementen antrifft. Im allgemeinen verwendet man in der Hydraulik folgende Anschluß-Codes:

- Ausgang (Arbeitsanschlüsse)   A, B, C
- Zufuhr (Pumpe/Verdichter)   P
- Rücklauf (Behälteranschluß)   R, S, T
- Steueranschlüsse   X, Y, Z
- Leckanschluß   L

5.2 Ventilbauarten

In der Hydraulik werden überwiegend Sitz- und Längsventile verwendet.
Bild 5-3 zeigt ein Beispiel für ein als Sitzventil ausgeführtes 3/3-Wegeventil.

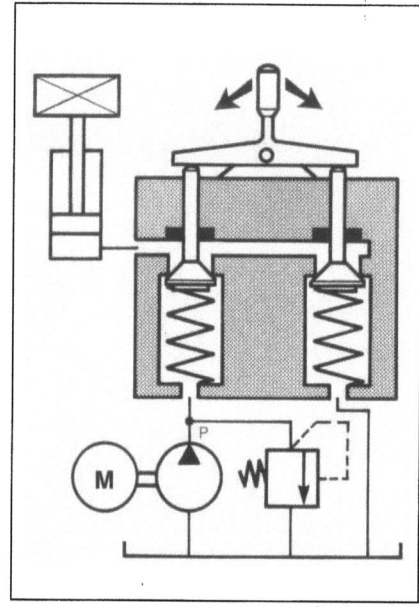

Bild 5-3

Vorteil der Sitzventile ist, daß sie leckfrei abdichten. Dagegen sind die benötigten Schaltkräfte relativ groß, da das Ventil gegen den Betriebsdruck öffnen muß.

Die meisten Wegeventile werden als sogenannte Längs- und Schieberventile ausgeführt, die dann auch häufig einfach als Schieber bezeichnet werden.
Als Beispiel zeigt Bild 5-5 ein 4/3-Wegeventil, das als Längsschieber ausgeführt ist, wobei links die Mittel- und rechts eine der beiden betätigten Stellungen dargestellt ist. Der Schie-

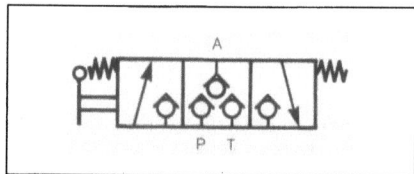

Bild 5-4: Symbole nicht normgemäß

ber besteht aus einem Gehäuse mit zylindrischer Bohrung und einer Reihe von Anschlußbohrungen. In der zylindrischen Bohrung kann sich der zylindrische Kolbenlängsschieber hin- und herbewegen.
In der Mittelstellung des Schiebers ist der Anschluß P geschlossen, und der Förderstrom der Pumpe wird über das Sicherheitsventil zum Behälter zurückgepumpt. Auch die Anschlüsse A und B sind geschlossen, so daß der Kolben im Zylinder hydraulisch gesperrt ist.

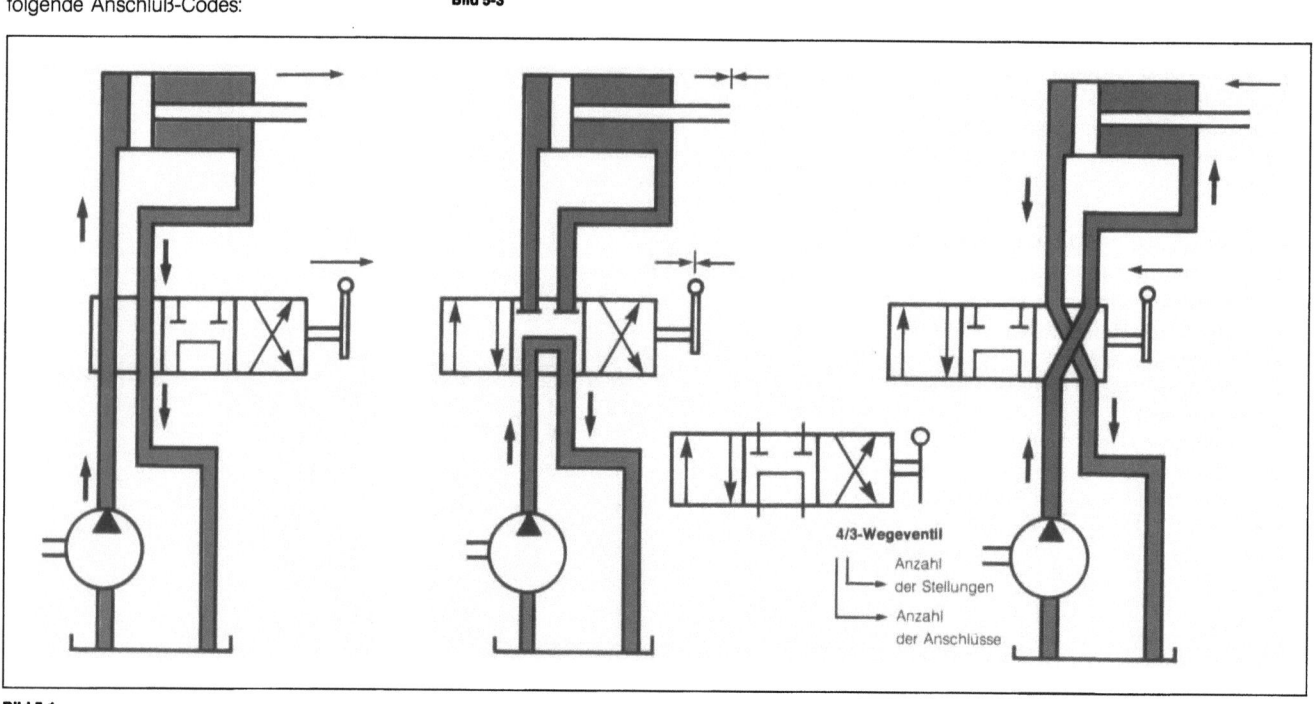

Bild 5-1

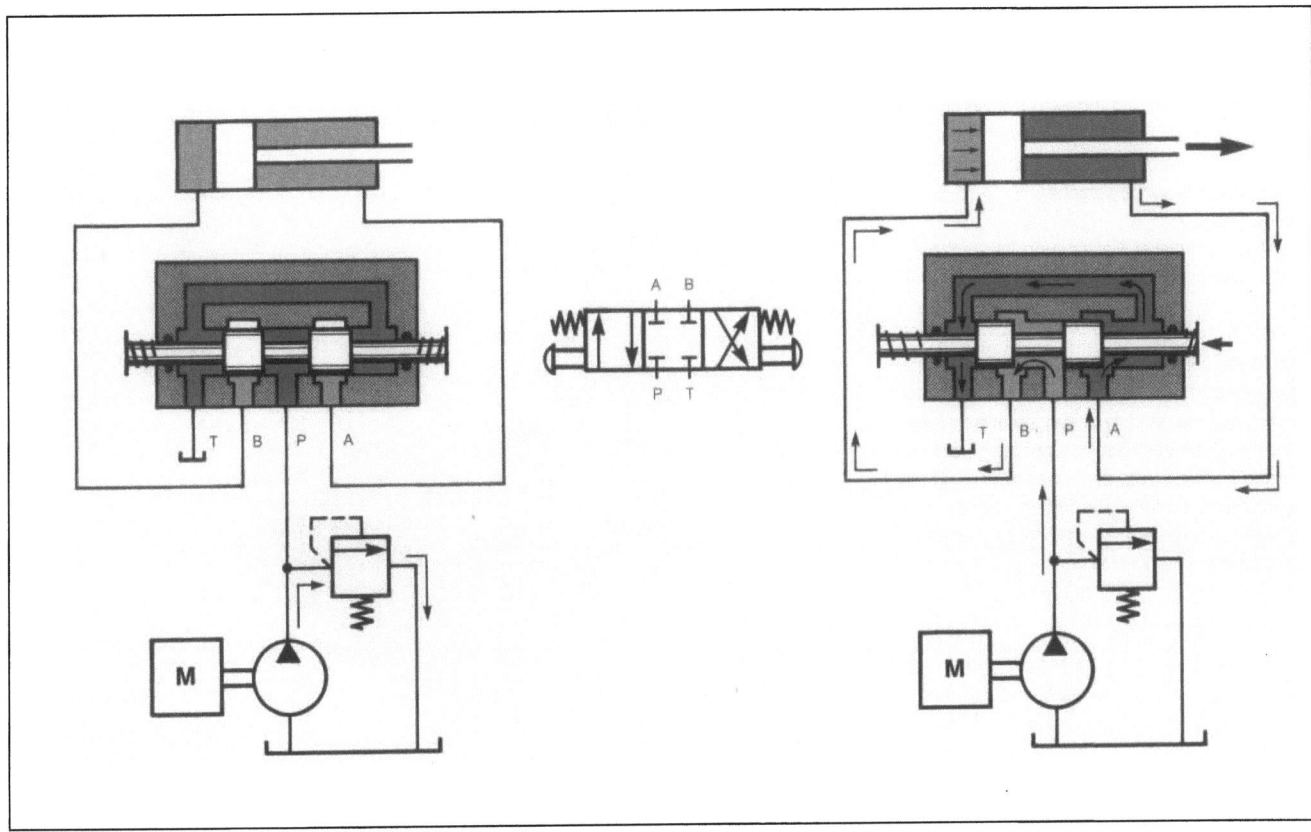

Bild 5-5

Infolge des Spiels zwischen Schieber und Schiebergehäuse kann es immer zu Leckagen kommen, zum Beispiel vom Anschluß A oder B zum Anschluß T. Dadurch kann der belastete hydraulische Zylinder trotz unbetätigtem Schieber seine ursprüngliche Position dennoch langsam verlassen.

Außer vom Spiel hängt das Maß der Abdichtung auch von der Länge des Leckspalts ab (a im Bild 5-6).

Im Bild 5-6 ist die linke Steuerseite des Schiebers mit einem abgeschrägten Rand und die rechte Steuerseite mit keilförmigen Nuten versehen. Damit wird bezweckt, den Schaltübergang von der einen zur anderen Position allmählich zu gestalten. Durch teilweise (überschneidende) Betätigung des Schiebers wird von diesem eine geringe Ölmenge durchgelassen, und der angesteuerte Hydromotor oder Zylinder arbeitet mit niedriger Geschwindigkeit.

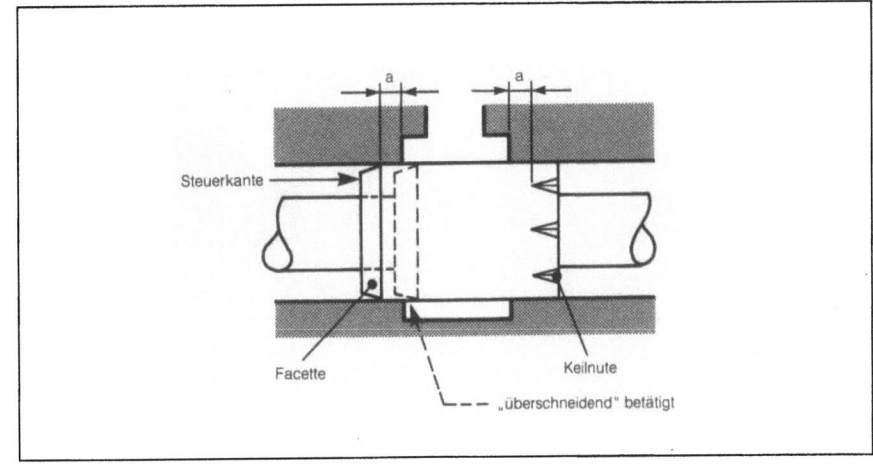

Bild 5-6

5.3 Möglichkeiten für Anschluß und Montage

In der Mobil- und Luftfahrthydraulik werden die Leitungen häufig direkt am Ventilgehäuse montiert. Die Ventilanschlüsse sind dafür mit einem Innengewinde versehen
(siehe Bild 5-7).
Der Nachteil dieser Befestigung ist, daß beim Ventilaustausch viele Anschlußarbeiten anfallen.

Für industrielle Anwendungen werden Ventile überwiegend auf Unterplatten montiert. An der Unterplatte werden alle Leitungen angeschlossen, womit die Ventile sehr leicht ausgetauscht werden können. Unterplatte und Ventil sind mit übereinstimmenden genormten Bohrungen versehen, und O-Ringe sorgen für eine leckfreie Abdichtung.

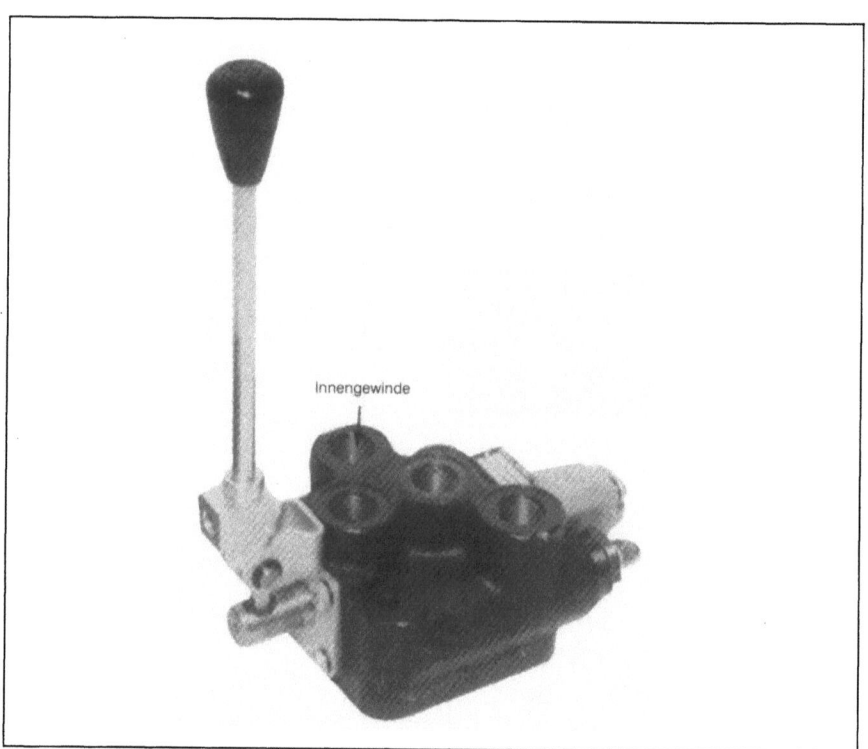

Bild 5-7

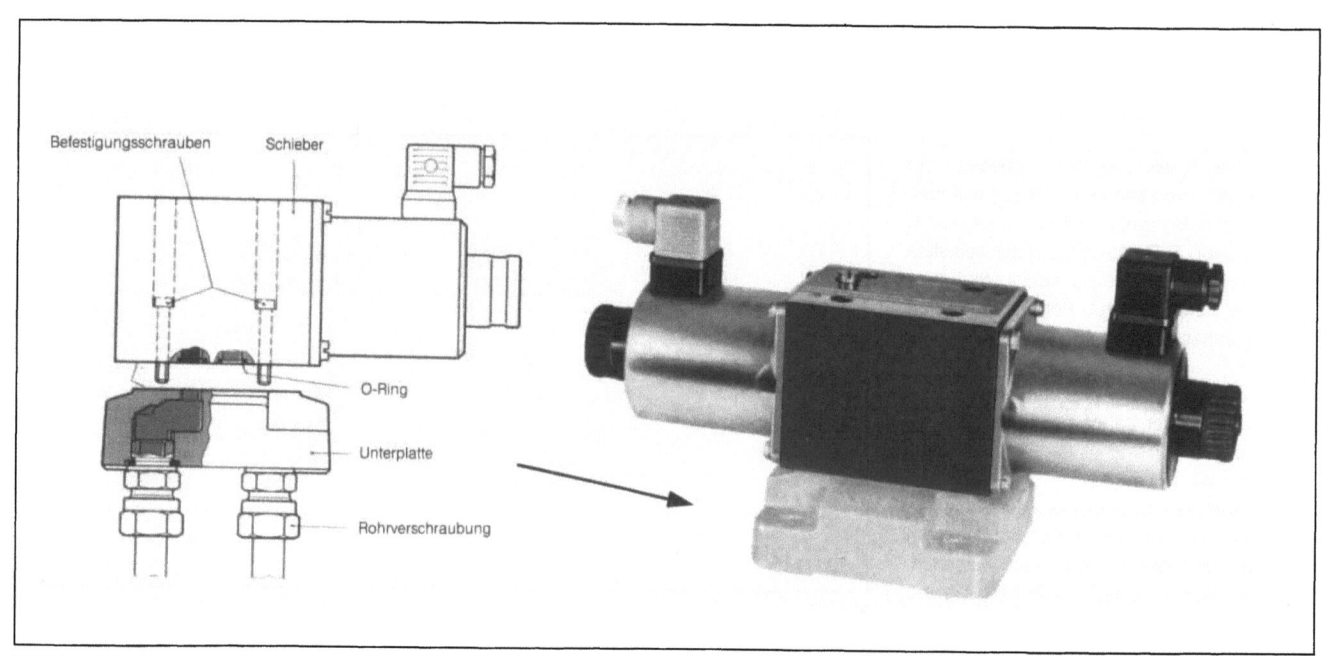

Bild 5-8: Unterplattenbauweise

5.4 Betätigungsarten

Ventile können betätigt werden durch:
— Muskelkraft: Druckknopf
                           Hebel
                           Pedal

— mechanische Kraft: Fühler
                                   Rolle
                                   Feder

— elektrische Kraft   ⎫ Kombination
— pneumatische Kraft   ⎬ der genannten
— hydraulische Kraft   ⎭ Kräfte

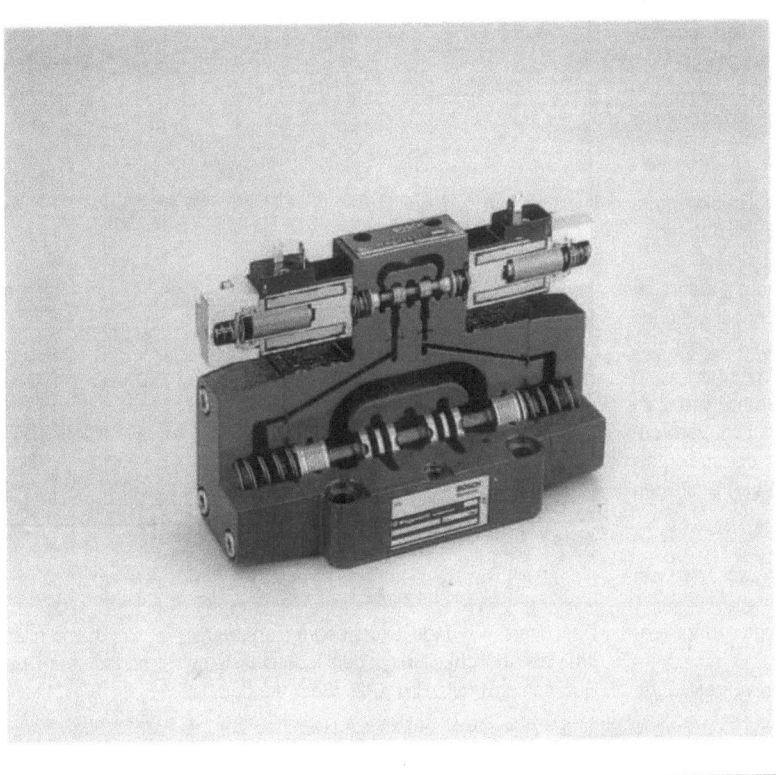

Bild 5-9

Welche Art der Betätigung verwendet wird, richtet sich nach der jeweiligen Anlage. So werden Schieber in Mobilkranen vorwiegend von Hand oder über Pedalen bedient, während in einem automatisierten Fertigungsprozeß mit elektrisch/mechanisch betätigten Schiebern gearbeitet wird.

5.5 Indirekte Betätigung

Größere Steuerschieber werden indirekt betätigt. Die notwendige Schaltkraft für diese Schieber ist so groß, daß eine direkte Betätigung nahezu unmöglich ist.

Bild 5-10 zeigt einen hydraulisch betätigten Hauptschieber, der von einer elektrisch betätigten Steuereinheit geschaltet wird. Diese Art der Betätigung wird auch elektrohydraulische Betätigung genannt.

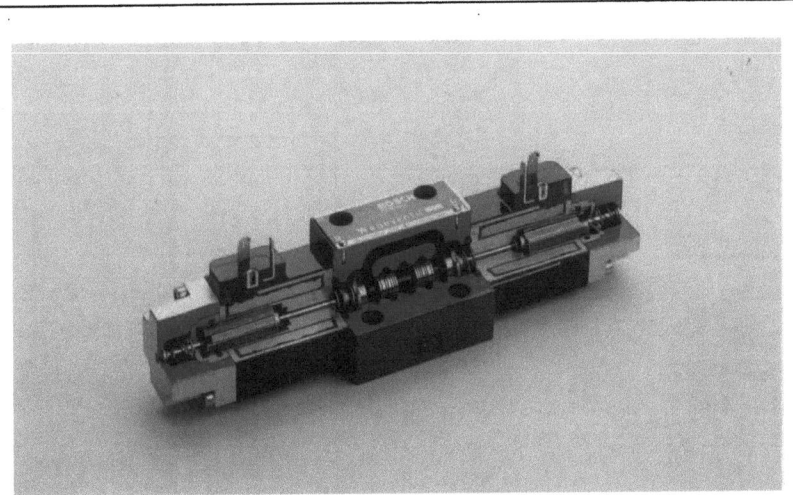 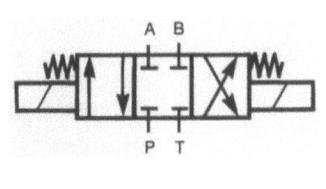

Bild 5-10: Schnitt durch ein elektrisch betätigtes 4/3-Wegeventil. Bei Erregung einer der Spulen wird der zugehörige Kern in die Spule gezogen und betätigt dieses Ventil.

6 Druckventile

6.1 Druckbegrenzungsventil

Eine hydraulische Anlage ist für einen bestimmten maximalen Arbeitsdruck ausgelegt. Wird dieser Druck überschritten, kann es zu schweren Schäden kommen, die die Sicherheit der Anlage gefährden.

Die einfachste Variante des Druckbegrenzungsventils (Sicherheitsventils) ist das federbelastete Rückschlagventil (Bild 6-1).
Seine Wirkung ist leicht verständlich. Wenn der Druck in der Anlage die auf die Kugel wirkende Federkraft überwindet, wird das Öl über das Ventil direkt in den Behälter abgeführt.
Diese Art von einfacher Sicherung wird zum Beispiel in der Schmieranlage von Verbrennungsmotoren eingesetzt, wo der maximale Öldruck nicht über 0,5 MPa (5 bar) ansteigen darf.

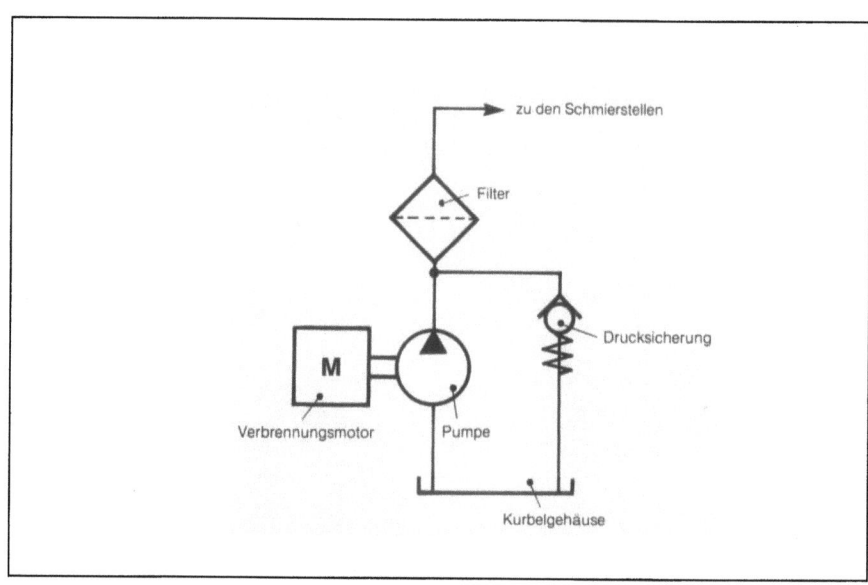

Bild 6-1

In der Hydraulik verwendet man zwei Arten von Überdruckventilen:
1. das direkt wirkende Druckbegrenzungsventil und
2. das indirekt wirkende oder vorgesteuerte Druckbegrenzungsventil.

Das direkt wirkende Druckbegrenzungsventil hat viele Ähnlichkeiten mit dem federbelasteten Rückschlagventil (Bild 6-2). Sein Aufbau ist simpel und relativ billig. Das Ventil reagiert sehr schnell auf Druckstöße in der Anlage.

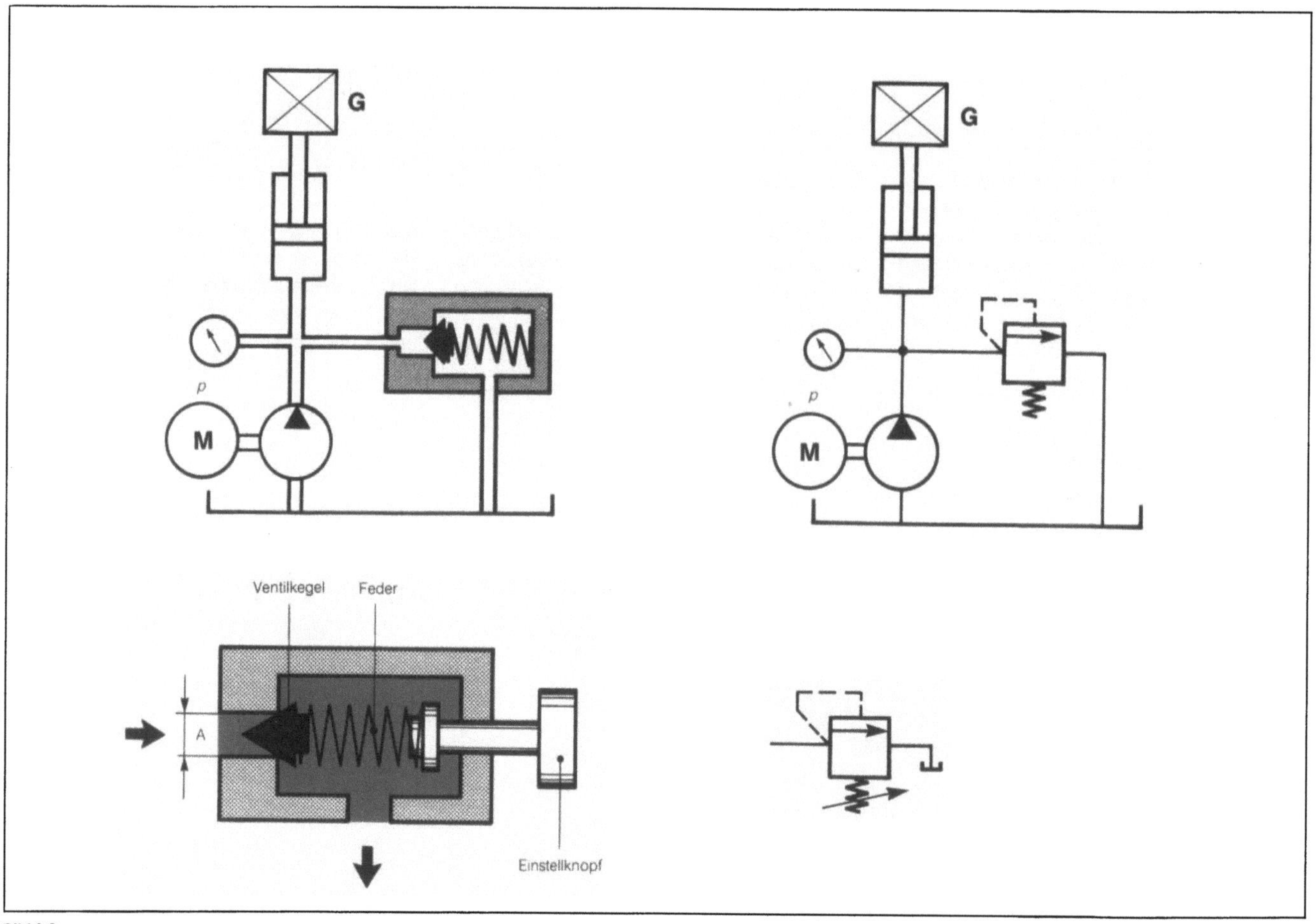

Bild 6-2

Druckventile

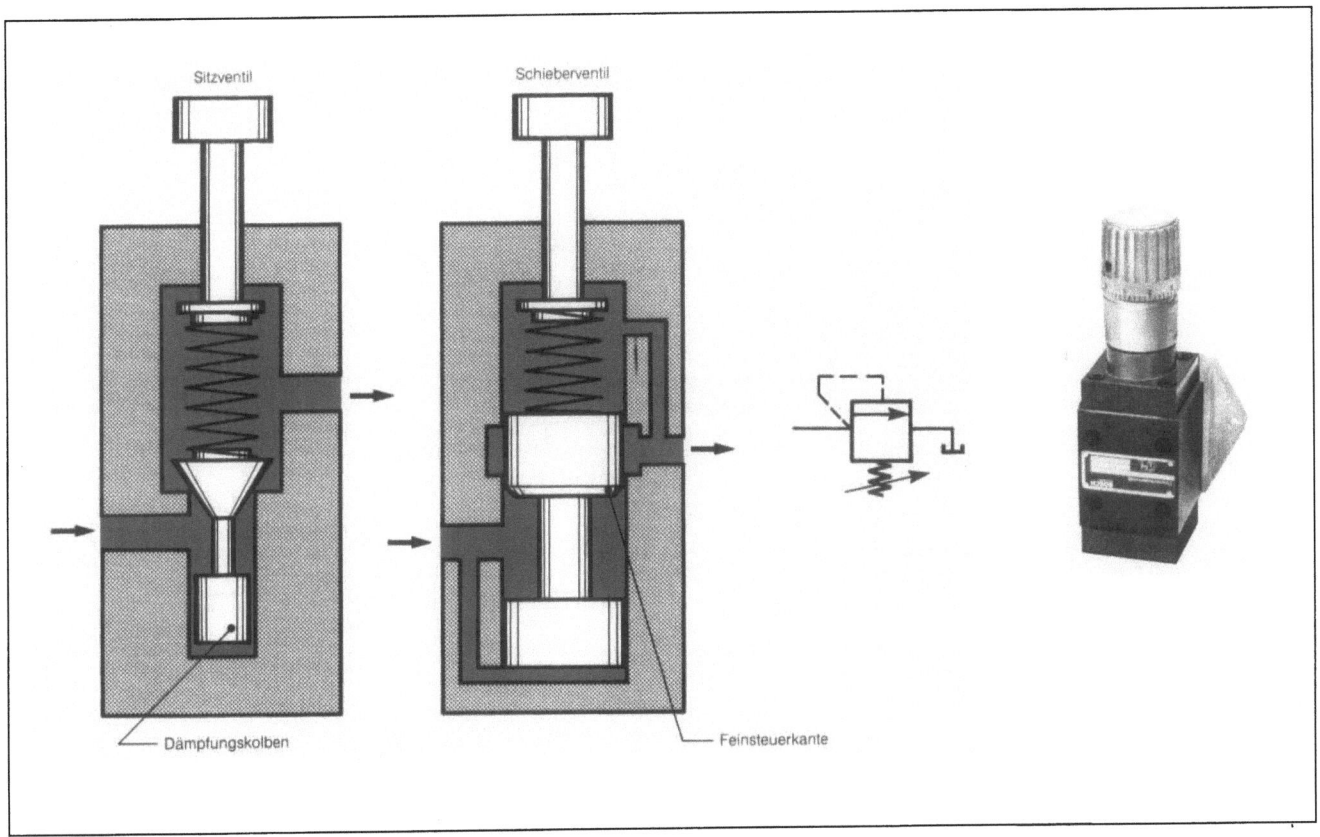

Bild 6-3

Bild 6-3 zeigt zwei Ausführungen des direkt wirkenden Druckbegrenzungsventils.

Der Vorteil von Sitzventilen ist, daß sie leckfrei abdichten und infolge der Anordnung sehr schnell reagieren. Um bei diesem Ventiltyp ein Nachschwingen zu verhindern, ist zumeist ein Dämpfungskolben eingebaut.

Der Ventilaufbau bietet die Möglichkeit der Feinregelung. Beim Öffnen des Ventils wird infolge der Feinsteuerkanten zunächst nur eine kleine Durchlaßfläche freigegeben. Damit erhöht sich die Stabilität dieses Ventils. Nachteilig wirkt sich bei dieser Konstruktion die ständige innere Leckage aus.

Für den Durchsatz großer Volumenströme müssen die Bauelemente einen übereinstimmenden Durchlaß (Kapazität) haben.

Aus dem folgenden Beispiel geht hervor, daß bei einem großen Ventildurchlaß das direkt wirkende Druckbegrenzungsventil eine zu schwere Federkonstruktion erfordern würde:

Gegeben sei ein zu regelnder Druck von $p = 10$ MPa (100 bar).
Gesucht ist die erforderliche Federkraft bei einem Ventildurchlaß von 25 mm.
Lösung:

$$F = p \cdot A = p \cdot \frac{\pi}{4} d^2$$

$$F = 100 \cdot 10^5 \text{ Pa} \cdot \frac{\pi}{4} (0{,}025)^2 \text{ m}^2 = 4900 \text{ N}$$

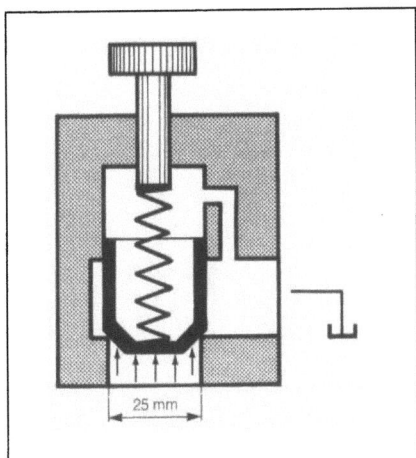

Bild 6-4

Um eine so schwere Federkonstruktion zu vermeiden, wird ein indirekt wirkendes oder vorgesteuertes Druckbegrenzungsventil eingesetzt.

Im Bild 6-5 ist das indirekt wirkende Druckbegrenzungsventil schematisch dargestellt.

Das 2/2-Wegeventil ist im betätigten Zustand gezeichnet. Der Anlagendruck p steht am Hauptventil (1) und über die Drossel (3) auch an der Oberseite des Hauptventils sowie am Ventilkegel (2) des Vorsteuerventils an. Außerdem wirkt auf das Hauptventil ein schwacher Federdruck, der das Ventil geschlossen hält. Übersteigt der Druck auf den Ventilkegel des Vorsteuerventils die eingestellte Federkraft (4), dann öffnet das Vorsteuerventil, und Öl fließt über Drossel (3) und Vorsteuerventil zurück zum Behälter.

Der Durchlaß der Drossel ist so bemessen, daß bei einem geringen Volumenstrom bereits eine große Druckdifferenz über die Drossel und somit auch über das Hauptventil entsteht.
Nunmehr öffnet das Hauptventil (1), und fast der gesamte Förderstrom der Pumpe fließt über das Hauptventil zurück in den Behälter.

Druckventile

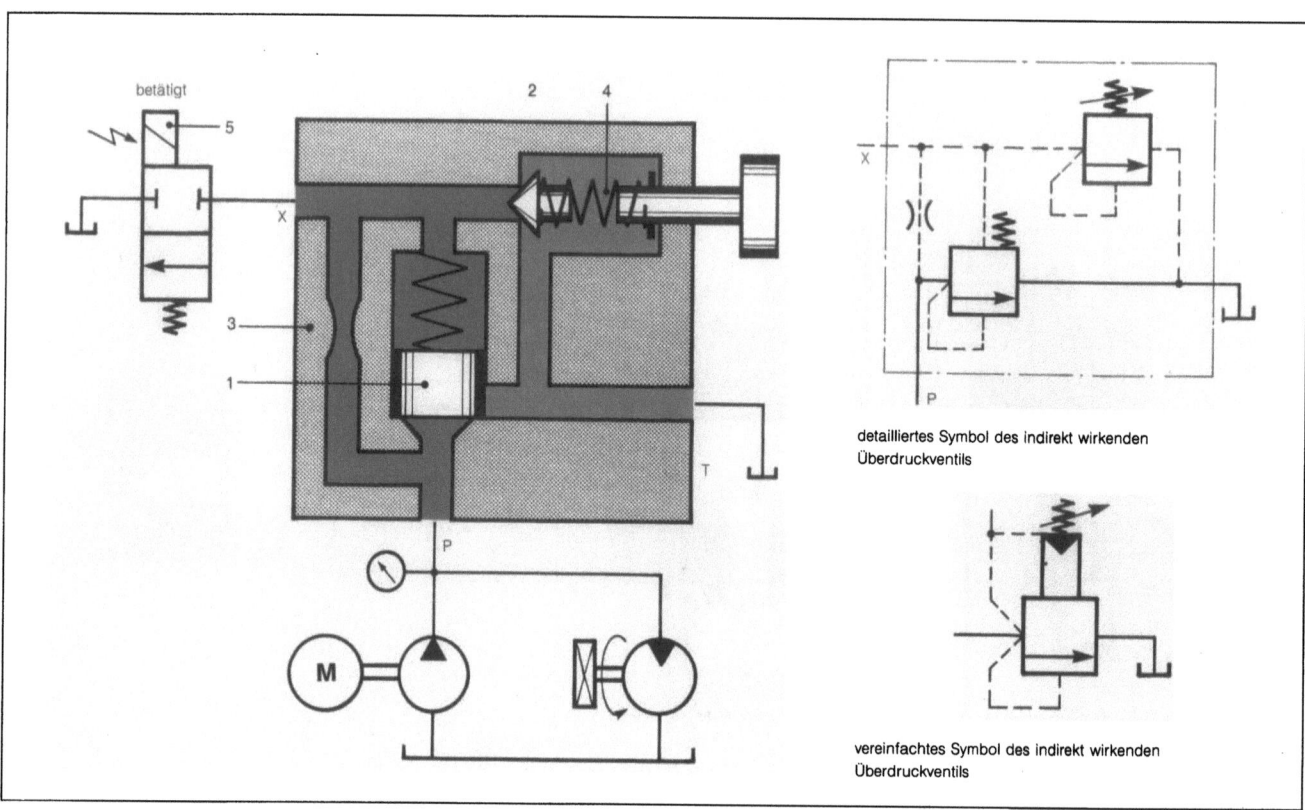

Bild 6-5

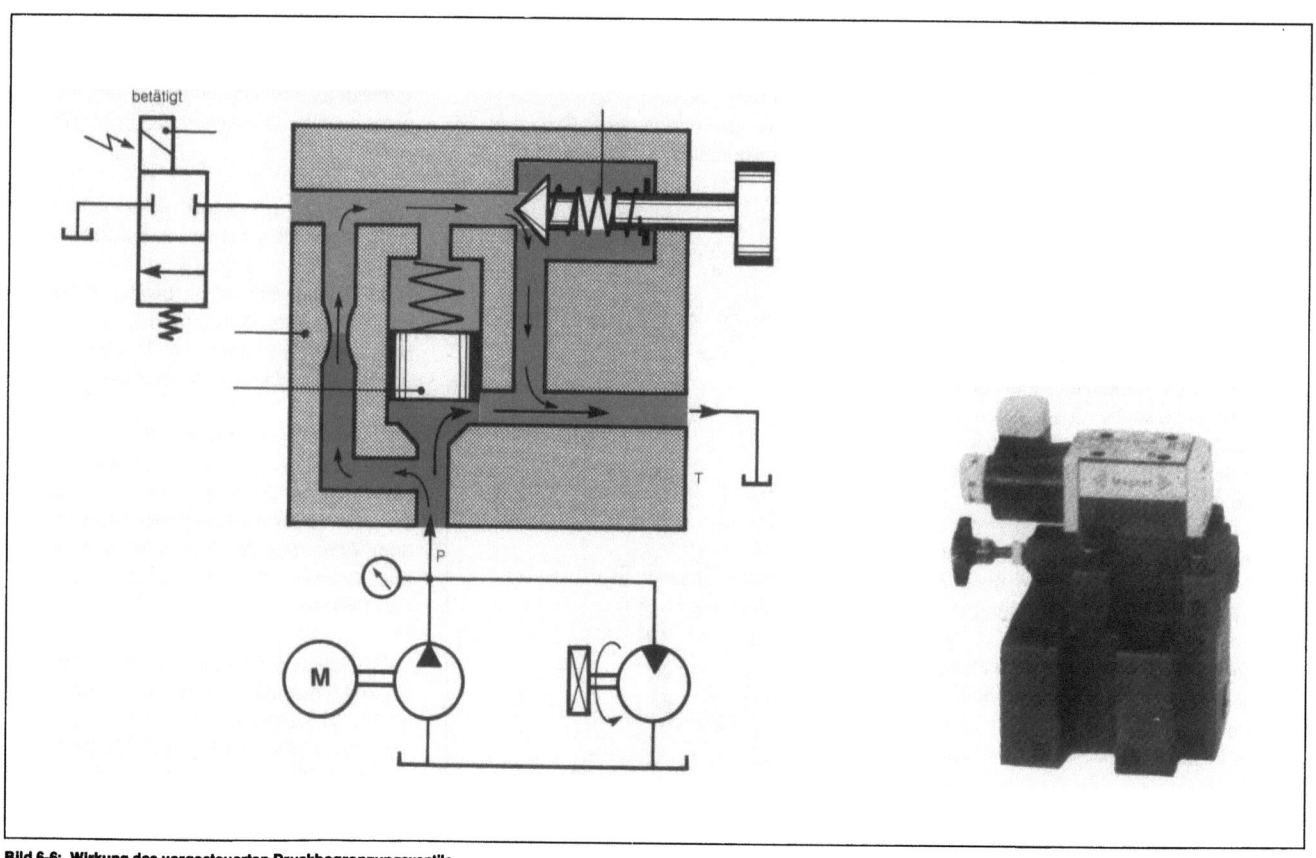

Bild 6-6: Wirkung des vorgesteuerten Druckbegrenzungsventils

Druckventile

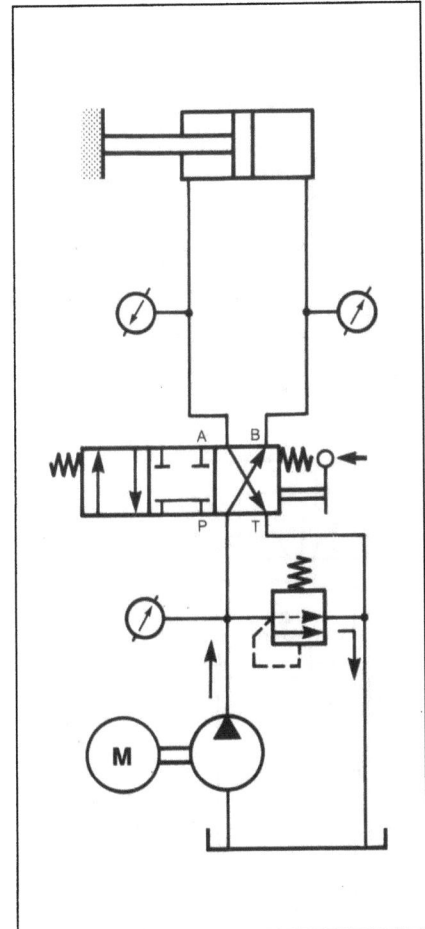

Bild 6-7

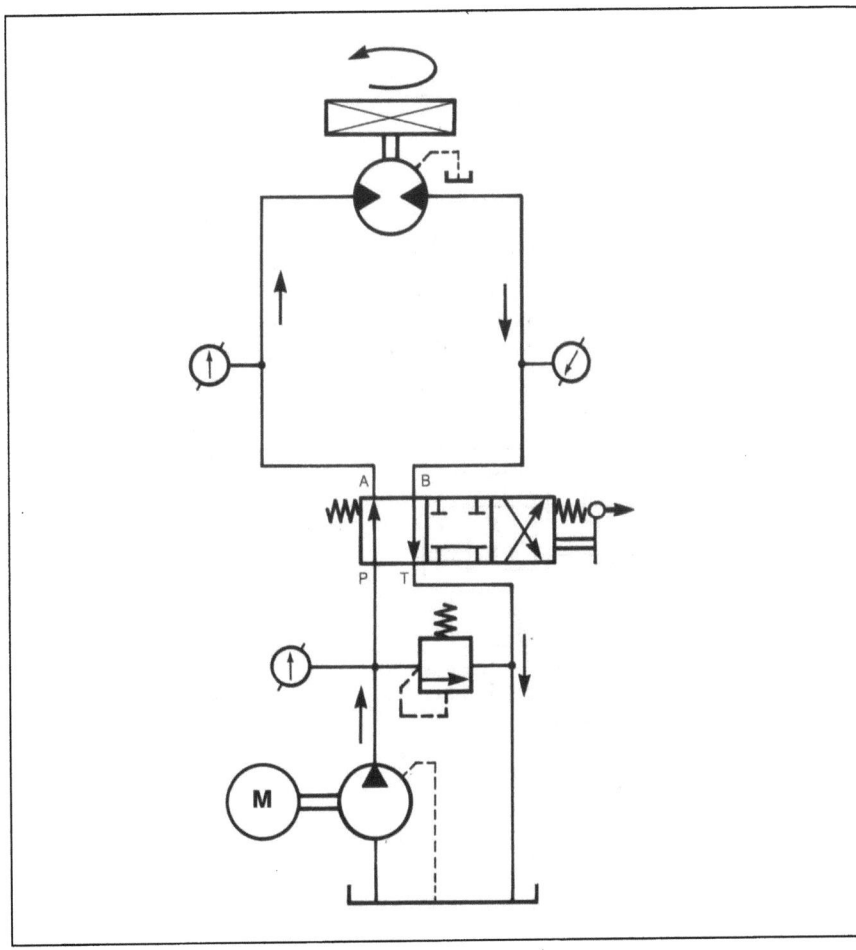

Bild 6-8

Die Abmessungen des Vorsteuerventils sind klein, und das Hauptventil besitzt einen verhältnismäßig großen Durchlaß. Auf diese Weise kann man trotz geringer Bauteilabmessungen dennoch große Volumenströme durchsetzen.

In unbetätigter Stellung des 2/2-Wegeventil (5) kann über dem Hauptventil (1) kein Druck aufgebaut werden. Unter dem Hauptventil wird infolge der Drossel (3) ein geringer Druck aufgebaut, der das Hauptventil öffnet. Dann fließt fast der gesamte Förderstrom nahezu drucklos zum Behälter.
In diesem Fall dient das Druckbegrenzungsventil auch als Druckentlastungsventil.

6.2 Grundschaltungen für das Druckbegrenzungsventil

Das Druckbegrenzungsventil, mit dem der maximale Anlagendruck begrenzt wird, muß direkt nach der Pumpe angeschlossen sein. Zwischen Pumpe und Druckbegrenzungsventil dürfen sich keine anderen Bauelemente wie Vorsteuerventile, Rückschlagventile usw. befinden.

Der höchste Anlagendruck wird erreicht, wenn die Belastung des Hydromotors oder Zylinders ihr Maximum erreicht hat oder wenn der Zylinder am Hubende angekommen ist.
Im Bild 6-7 ist das schematisch wiedergegeben.

Im Bild 6-8 treibt der Hydromotor eine Last an. Wird der Betätigungshebel des 4/3-Wegeventils losgelassen, kehrt das Ventil in die Mittelstellung zurück.

Infolge der Massenträgheit der Last wird der Hydromotor weiter von der Last angetrieben und arbeitet dann als Pumpe. Das hat zur Folge (siehe Bild 6-9):

1. Die Ablaufleitung wird zur Druckleitung, und die Druckleitung wird zur Saugleitung.
2. Das Öl in der Druckleitung kann nirgends hinfließen, wodurch der Druck ansteigt und das schwächste Bauelement platzt. Darauf hat das Überdruckventil an der Pumpe keinen Einfluß!
3. Der Hydromotor kann kein Öl aus dem Behälter ansaugen, er bekommt Ansaugprobleme, die zur Kavitation führen.

Im Bild 6-10 ist der Hydromotor mit einer Sicherung in Form von zwei Überdruckventilen und zwei Nachsaugeventilen versehen. In der Mittelstellung des Ventils wird das Öl von dem als Pumpe arbeitenden Hydromotor je

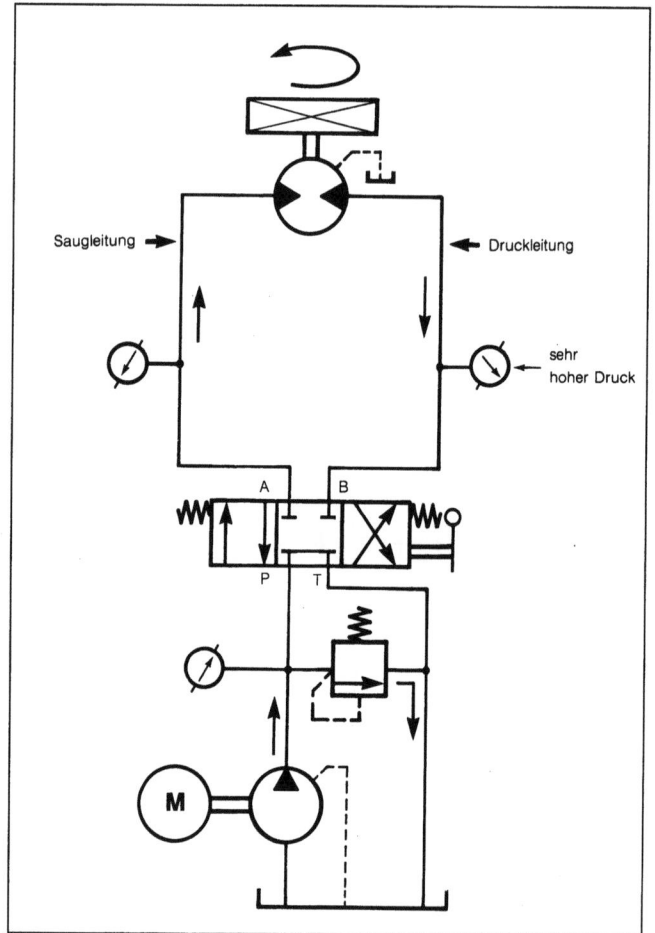

Bild 6-9: Hydromotor arbeitet als Pumpe

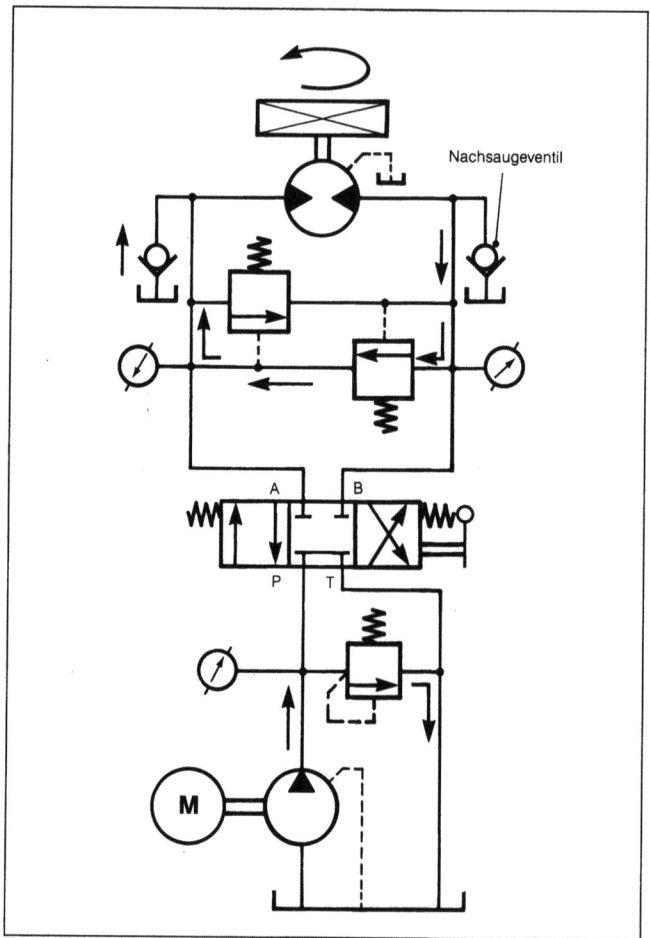

Bild 6-10: Hydromotor mit Sicherungen

nach Drehrichtung über eines der Druckbegrenzungsventile zur Saugseite abgeführt.
Der dabei zu überwindende Gegendruck bremst den Hydromotor und die Last ab.

Durch Leckverluste im Hydromotor kommt es in der Saugleitung zum Ölmangel. Dadurch baut sich ein Unterdruck auf, und es wird je nach Drehrichtung Öl über eines der Nachsaugeventile aus dem Behälter angesaugt. Auf diese Weise wird die Kavitation verhindert. Daher bezeichnet man diese Nachsaugeventile auch als Anti-Kavitationsventile.

Wichtig
Die von den Überdruckventilen abgebaute Druckenergie wird vollständig in Wärme umgewandelt. Damit kann die Temperatur der Hydraulikflüssigkeit und der Bauelemente schnell unzulässig hohe Werte annehmen.

Druckventile

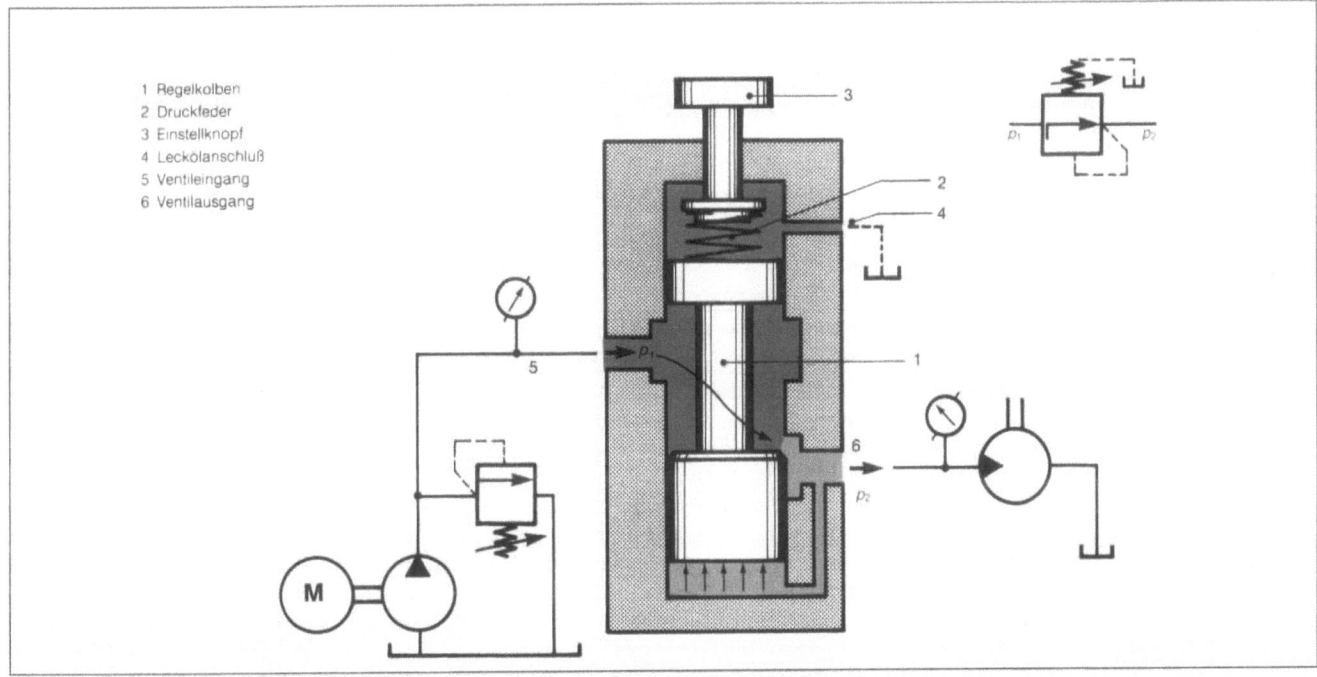

Bild 6-11: Direkt wirkendes Druckregelventil in Funktion

6.3 Druckreglerventile

Das Druckregelventil dient dazu, den Druck in der Anlage oder einem Teil davon auf den gewünschten Wert zu vermindern und konstant zu halten (Druckminderventile/Druckminderer).
Bild 6-11 zeigt ein Beispiel für ein direkt wirkendes Druckregelventil.
Wirkungsweise (siehe Bild 6-11):
Auf die Oberseite des Regelkolbens (1) wirkt eine einstellbare Federkraft (2), der an der Unterseite des Regelkolbens (1) der Arbeitsdruck p_2 entgegenwirkt.
Solange der Druck p_2 kleiner als die Federkraft ist, verharrt der Regelkolben in seiner Ruhestellung.
Sobald jedoch der Druck p_2 die Federkraft überwindet, bewegt sich der Regelkolben nach oben und verringert dabei den Ventilausgang so lange, bis ein Gleichgewicht zwischen Druck p_2 und Federkraft erreicht ist. Fällt der Druck p_2, dann drückt die Feder den Regelkolben nach unten, wodurch sich der Durchlaß vergrößert und p_2 wieder auf den Federdruck ansteigen kann.
Bild 6-12 zeigt, daß sich der Kolben im Gleichgewicht befindet, wenn p_2 gleich p_{Feder} ist. Mit anderen Worten: das Druckregelventil verringert den Druck p_1 auf einen Wert, der gleich dem eingestellten Federdruck ist. Die Senkung des Drucks p_1 nennt man auch Drosseln, und die dabei verlorengehende Druckenergie wird im Druckregelventil vollständig in Wärme umgewandelt!

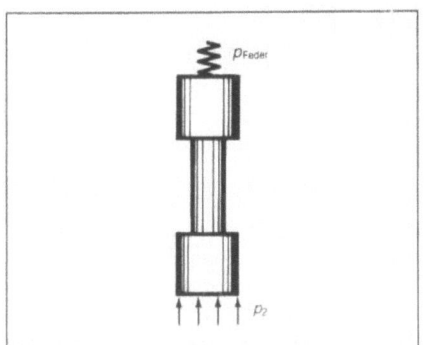

Bild 6-12

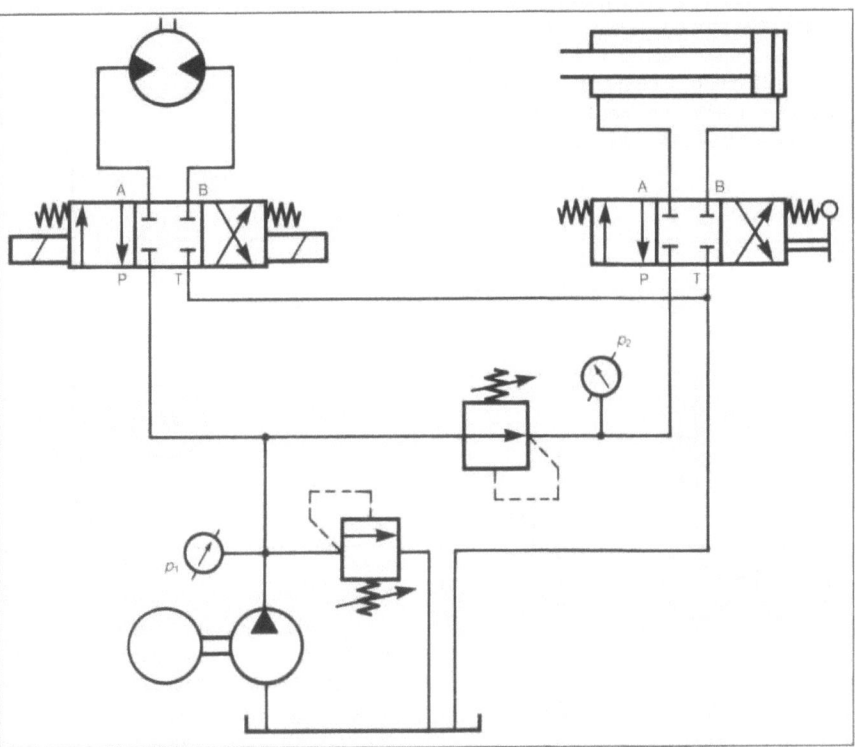

Bild 6-13

7 Drossel- und Stromregelventile

7.1 Einleitung

Um die Arbeitsgeschwindigkeit hydraulischer Zylinder und Motoren regulieren zu können, muß der Volumenstrom (q_v) zwischen den Bauelementen dosiert werden.
Dazu kann z. B. eine Pumpe mit einstellbarem Förderstrom verwendet werden.
Eine einfachere und billigere Lösung ist die Regulierung mit Hilfe von Drossel- und Stromregelventilen.
Indem man in der Zulauf- oder Rücklaufleitung eines Zylinders oder Motors eine einstellbare Verengung anbringt, wird der Volumenstrom gedrosselt.

Die Bilder 7-1 und 7-3 zeigen ein Hydrauliksystem, das aus einer Pumpe, einem Hydromotor, einem Druckbegrenzungsventil und einer Drossel mit einstellbarem Strömungsquerschnitt besteht. Der Öffnungsdruck des Druckbegrenzungsventils ist auf 120 bar eingestellt. In der Leitung von der Pumpe zum Hydromotor ist die Drossel eingebaut, die zunächst ganz geöffnet ist. Der gesamte Pumpenförderstrom q_v geht durch die Drossel zum Hydromotor.

7.2 Drosselventile

Dem Hydromotor wird an seinem Wellenende ein so hohes Drehmoment abverlangt, daß sich in der Pumpendruckleitung ein Druck von 50 bar aufbaut. Die Anzeigen p_1 und p_2 an beiden Manometern sind mit 50 bar gleich. Wenn die Drossel nach und nach geschlossen, d. h. ihr Strömungsquerschnitt verringert wird, stellt sie einem Durchflußwiderstand dar, durch den zunächst weiterhin der gesamte konstante

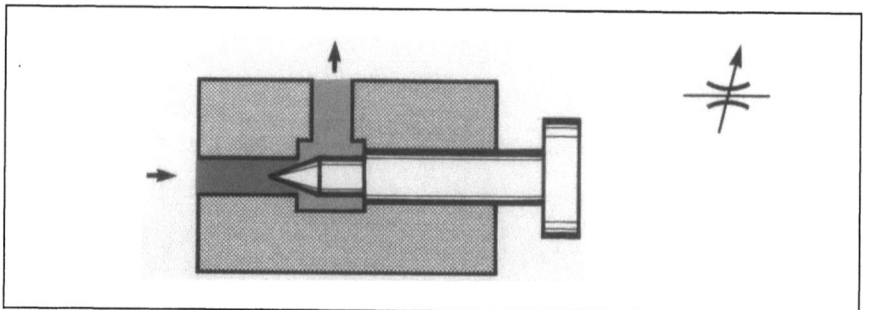

Bild 7-1: Prinzip der Drossel

Pumpenförderstrom q_v fließt. Mit zunehmender Querschnittsverengung in der Drossel stellt sich ein größer werdender Druckabfall $\triangle p = p_1 - p_2$ über die Drossel ein. Da der Druckbedarf p_2 des Hydromotors sich dabei nicht ändert, – p_2 ist praktisch konstant – muß die Pumpe zunächst nur gegen einen höher werdenden Druck p_1 fördern. Erst wenn die Drossel so weit geschlossen wird, daß p_1 dem Öffnungsdruck des Druckbegrenzungsventils entspricht, fließt ein Teil q_{v2} des Pumpenförderstroms q_v über das Druckbegrenzungsventil direkt in den Behälter zurück. Dadurch verringert sich der Flüssigkeitsstrom q_{v1} zum Hydromotor, wodurch dessen Drehzahl kleiner wird. Bei weiterem Schließen der Drossel steigt der Druck p_1 nicht weiter, denn er wird durch das Druckbegrenzungsventil mit 120 bar praktisch konstant gehalten. Von hier an besteht über die

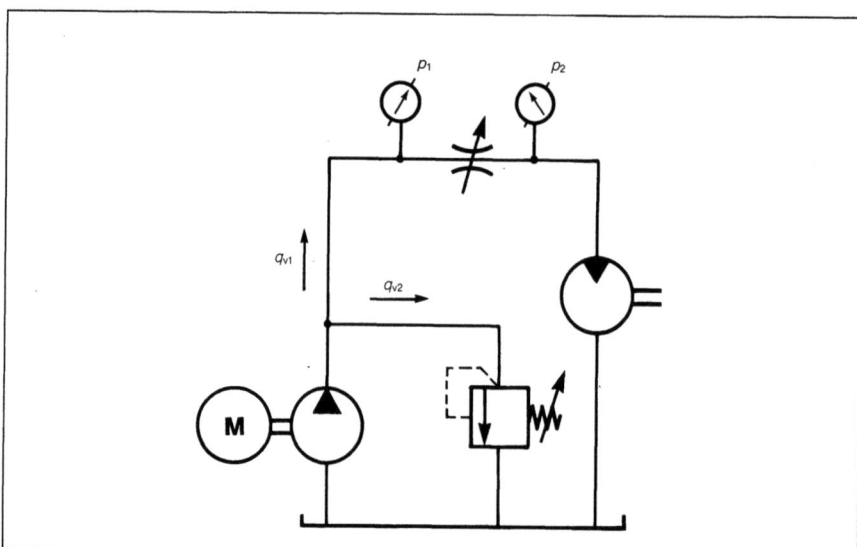

Bild 7-3

Drossel, deren Querschnitt noch weiter verringert werden kann, eine konstante Druckdifferenz. Das bedeutet, daß der Flüssigkeitsstrom q_{v1} durch die Drossel zum Hydromotor nur noch vom Drosselquerschnitt abhängt. Der restliche Flüssigkeitsstrom wird über das Druckbegrenzungsventil abgeblasen. Damit ist die Steuerung der Motordrehzahl mit der Drossel voll wirksam. Sie wird allerdings damit erkauft, daß ein wesentlicher Teil der Pumpenantriebsleistung direkt in Wärme umgesetzt wird. Das ist bedingt dadurch, daß die Pumpe mit einem Druck p_1 von 120 bar arbeitet, der wesentlich höher als der vom Hydromotor benötigte Druck p_2 von 50 bar ist. Außerdem geht ein wesentlicher Teil q_{v2} des Pumpenförderstroms, ohne mechanische Energie abgegeben zu haben, über das Druckbegrenzungsventil direkt in den Behälter zurück.

Ein weiterer Nachteil der Steuerung der Hydromotordrehzahl durch Drosselung liegt darin, daß sich die Drehzahl verändert, wenn das dem Motor abverlangte Drehmoment schwankt. Es soll zunächst davon ausgegangen werden, daß bei einem Druck $p_2 = 50$ bar der Drosselquerschnitt so weit verringert wurde, daß nur noch ein Teil q_{v1} des Pumpenförderstromes q_v zum Motor gelangt, der daraufhin mit verringerter Drehzahl läuft.

Wenn dem Motor nun ein höheres Drehmoment abverlangt wird, steigt der Druck p_2 von

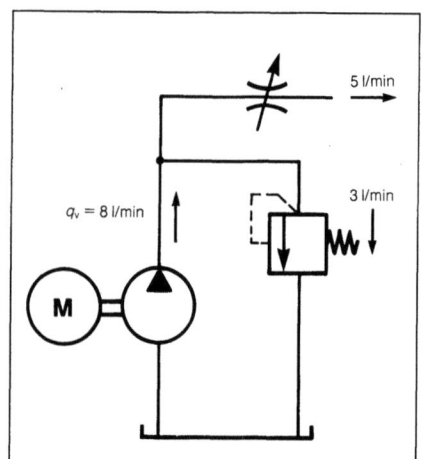

Bild 7-1

Drossel- und Stromregelventile

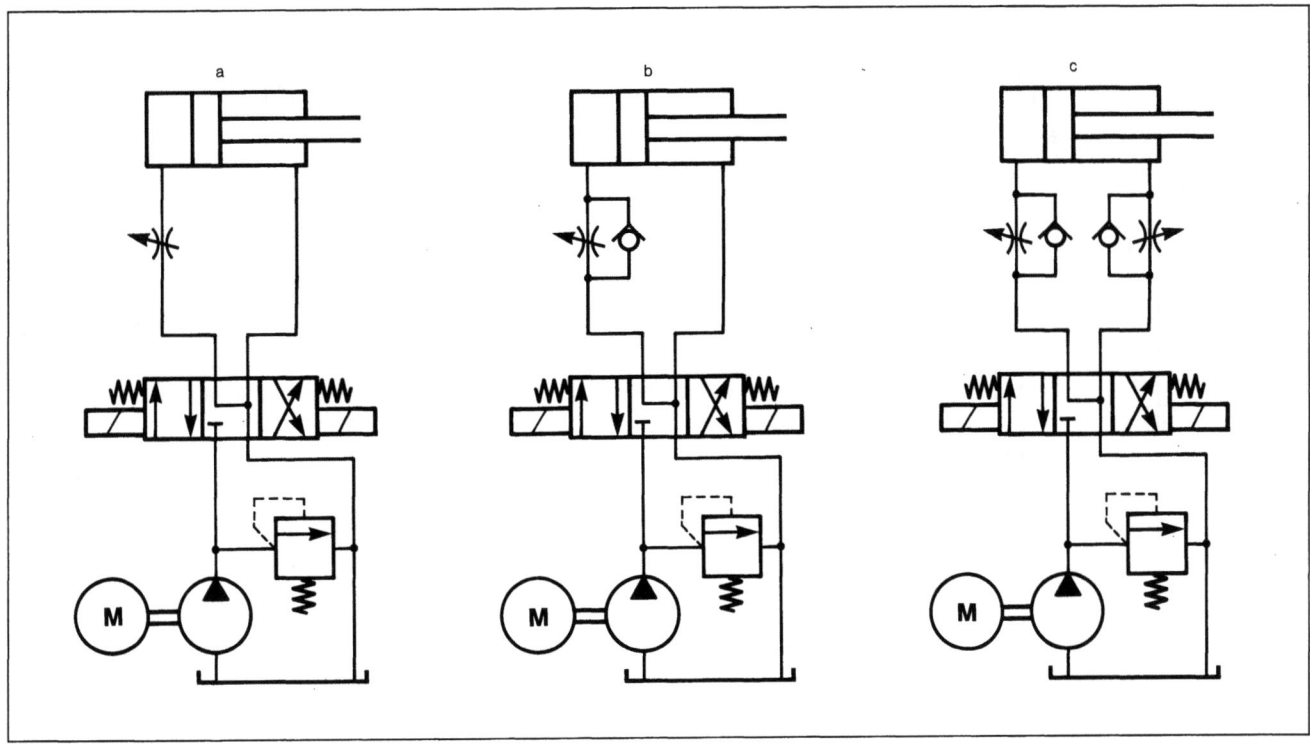

Bild 7-4

50 bar auf beispielsweise 70 bar. Weil der Druck p_1 vom Druckbegrenzungsventil mit 120 bar konstant gehalten wird, verringert sich damit die Druckdifferenz über die Drossel um 20 bar. Bei unverändertem Drosselquerschnitt verringert sich damit der Flüssigkeitsstrom q_{v1} durch das Drosselventil zum Motor, wodurch sich seine Drehzahl weiter verringert.

Mit einfachen Drosselventilen läßt sich der Volumenstrom nicht so ohne weiteres konstant halten.

Sind aber diese Schwankungen der Geschwindigkeit nicht entscheidend, dann bieten Drosseln eine einfache und billige Möglichkeit zur Geschwindigkeitsregulierung.

Die Geschwindigkeit des Zylinders a (Bild 7-4) beim Ein- und Ausfahren wird von einer Drossel beeinflußt. Beim Ausfahrhub wird die Ölzufuhr zur Kolbenseite gedrosselt, während beim Einfahren das aus dem Zylinder zurücklaufende Öl gedrosselt wird. Man spricht hierbei auch von Zulauf- und Ablaufdrosselung.

In der Hydraulik wird die Zulaufdrosselung bevorzugt, weil beim Drosseln des Ablaufs der Zylinderdruck zu hoch ansteigen kann.

Beispiel (Bild 7-5)
Während des Ausfahrens beträgt der Druck an der Kolbenseite des unbelasteten Zylinders 15 MPa (150 bar). Der kolbenstangenseitige Ölablauf wird gedrosselt, wobei die Fläche der Stangenseite halb so groß ist wie die volle Kolbenbodenfläche. Dadurch wird der kolbenstangenseitige Druck doppelt so hoch wie an der Kolbenseite, mit anderen Worten 30 MPa (300 bar)!

Beim Zylinder b läßt sich nur die Ausfahrgeschwindigkeit beeinflussen. Während des Einfahrens läuft das Rücklauföl über das eingebaute Rückschlagventil um die Drossel herum.

Im Zylinder c kann die Geschwindigkeit des Ein- und Ausfahrens getrennt eingestellt werden. Dazu dienen zwei Zulaufdrosseln mit parallel angeordnetem Rückschlagventil.

7.3 2-Wege-Stromregelventil

Muß die Bewegungsgeschwindigkeit von Zylindern und Hydromotoren ungeachtet der Größe der von ihnen angetriebenen Last konstant bleiben, so müssen Stromregelventile eingesetzt werden.

Im Bild 7-6 wird die Drehzahl des Hydromotors mit einem Stromregelventil konstant gehalten. Der Druck p_1 wird vom Druckbegrenzungsventil bestimmt, da ja ein Teil des Förderstroms der Pumpe über dieses Ventil zum Behälter fließt. Der Druck p_3 richtet sich nach der Belastung des Hydromotors. Das Stromregelventil ist einstellbar und hält den Volumenstrom zum Hydromotor unabhängig von den Drücken p_1 und p_3 konstant.

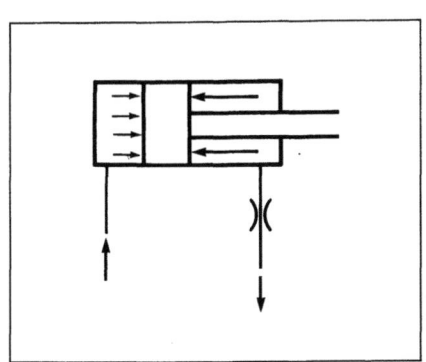

Bild 7-5

Drossel- und Stromregelventile

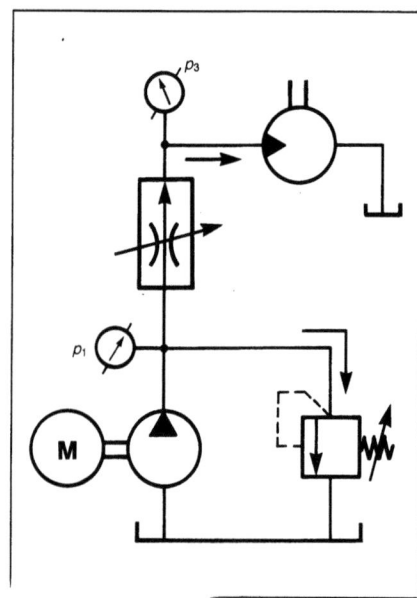

Bild 7-6

Das Prinzip des 2-Wege-Stromregelventils besteht darin, daß ein 2-Wege-Regelventil das Druckgefälle Δp über der Meßdrossel konstant hält, so daß der Volumenstrom durch die Meßdrossel ebenfalls konstant bleibt.

Bild 7-7 zeigt links ein detailliertes Symbol des 2-Wege-Stromventils, auch Reihenstromventil genannt, weil Druckwaage und Drossel in Reihe angeordnet sind.

Die Druckwaage mißt die Drücke p_2 und p_3 und paßt p_2 so an, so daß gilt:
$p_2 - p_3 2 = \Delta p$ = konstant.

Die Druckwaage befindet sich im Gleichgewicht, wenn:

$p_2 = p_3 + p_F \rightarrow$

$p_2 - p_3 = p_F \rightarrow$

$\Delta p = p_F$ = konstant.

p_F ist der Federdruck, in der Praxis etwa 1 MPa (10 bar).

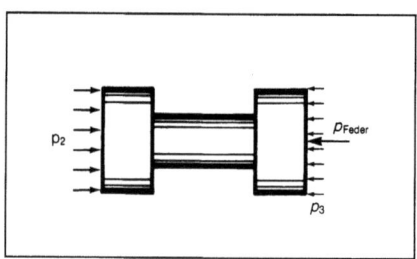

Bild 7-8

In der Schnittzeichnung im Bild 7-7 ist die Funktion der Druckwaage dargestellt. Durch Verkleinern des Durchlasses in der Druckwaage wird der Druck p_1 auf den Druck p_2 reduziert. Das Stromregelventil wird eingestellt, indem man den Durchlaß der Meßdrossel ändert, wobei jedoch das Druckgefälle über der Drossel gleich dem Federdruck p_F bleibt.

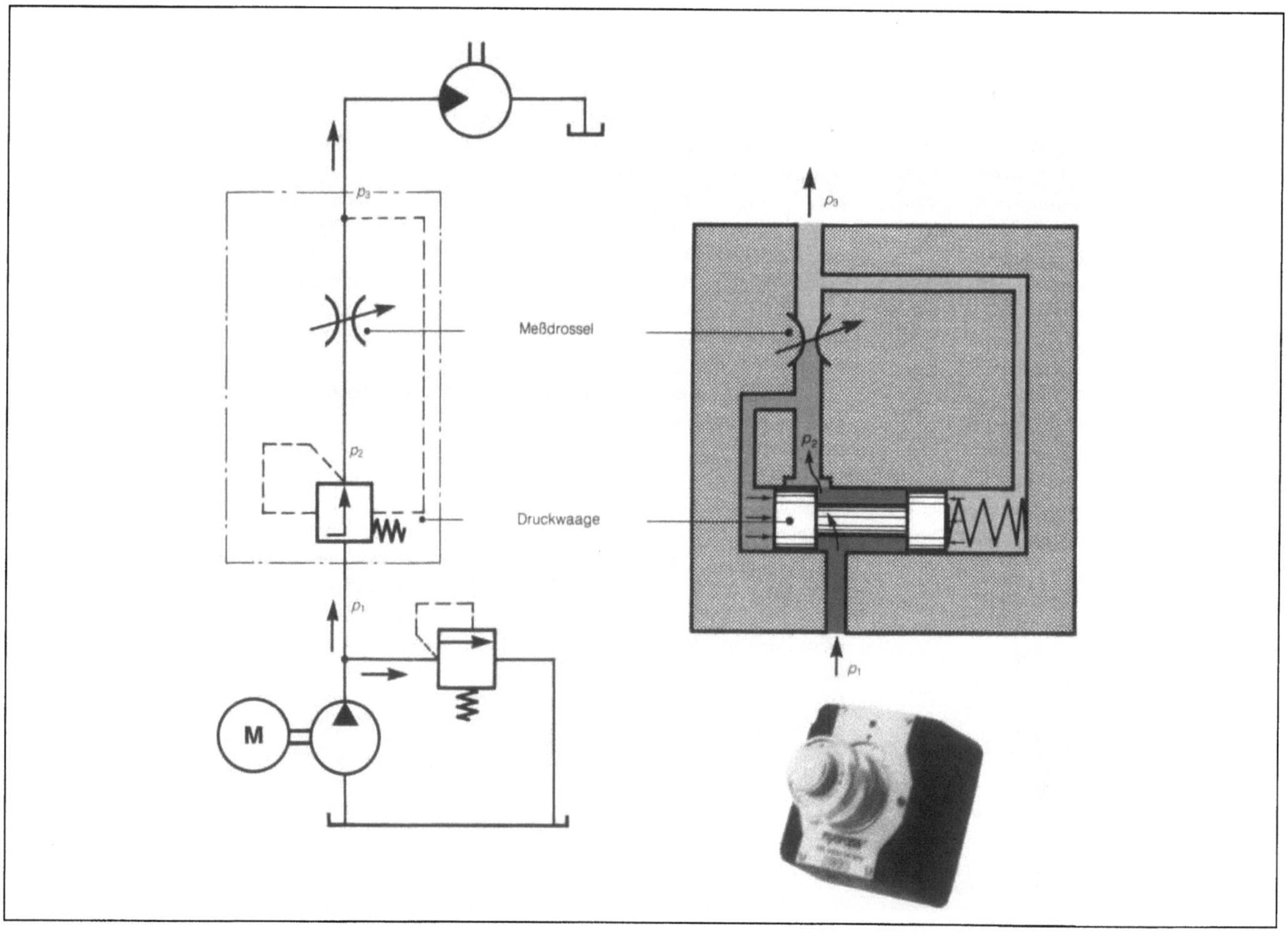

Bild 7-7: 2-Wege-Stromregelventil

Drossel- und Stromregelventile

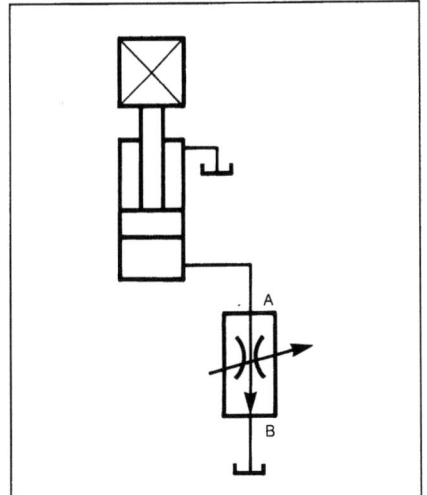

Bild 7-9

Wie schnell die Last auf den Zylinder im Bild 7-9 absinkt, wird vom Stromregelventil bestimmt. Die Senkgeschwindigkeit bleibt konstant, unabhängig davon, ob die Belastung 10 kN oder 100 kN beträgt.

Die Drehzahl des Hydromotors im Bild 7-9 wird von einem Stromregelventil mit eingebautem Rückschlagventil reguliert. Das Rückschlagventil ist erforderlich, weil ein Stromregelventil den Ölstrom nur in einer Richtung, die durch den Pfeil (A → B) gekennzeichnet ist, regulieren kann. (In entgegengesetzter Richtung wirkt ein

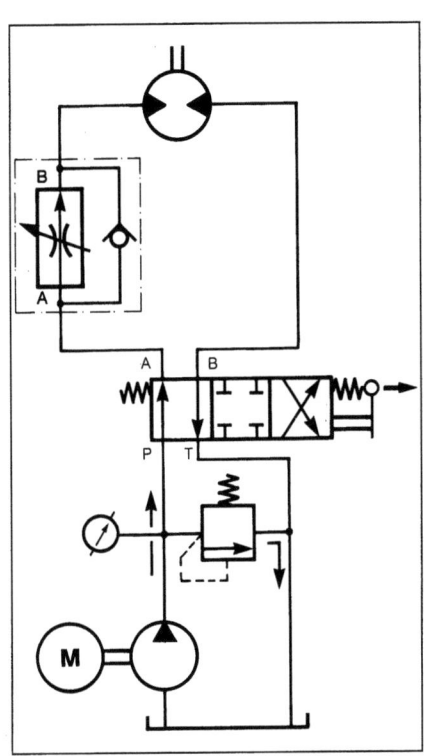

Bild 7-10

Stromregelventil als normale Drossel, da die eingebaute Druckwaage keinen Einfluß mehr ausüben kann.)

7.4 3-Wege-Stromregelventil

Bei diesem Stromregelventil ist die eingebaute Druckwaage parallel zur einstellbaren Meßdrossel angeordnet.

Das 3-Wege-Stromregelventil teilt am Punkt 1 den ankommenden Förderstrom der Pumpe in zwei Richtungen auf:
Ein Teilstrom führt über den Ablauf 2 zum Verbraucher und ein Teilstrom über den Anschluß 3 zum Behälter.

Auch bei diesem Ventil wird das Druckgefälle Δp über der einstellbaren Meßdrossel durch eine Druckwaage konstant gehalten. Für das Gleichgewicht des Druckventils gilt:

$$p_1 = p_2 + p_F \rightarrow p_1 - p_2 = p_F \rightarrow$$

$$\Delta p = p_F = \text{konstant} \rightarrow$$

$$q_v = \text{konstant}.$$

Aus der Gleichgewichtsbedingung geht hervor, daß der Druck p_1 vor dem Stromventil gleich dem Lastdruck p_2 plus dem Federdruck von etwa 1 MPa (10 bar) ist. Das bedeutet, daß der Energieverlust geringer als beim 2-Wege-Stromregelventil ist, wo der Druck p_1 stets seinen Höchstwert hat.

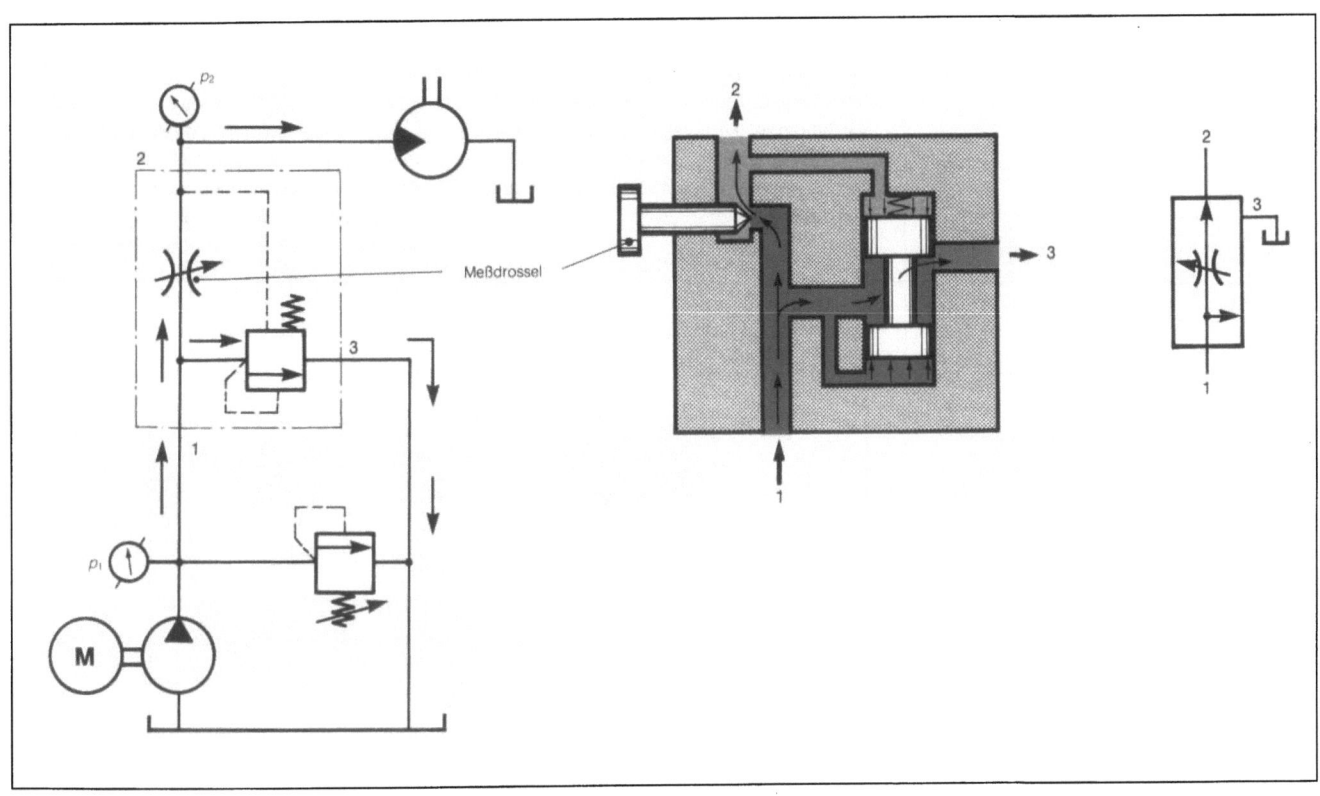

Bild 7-11: Parallelstromventil in Funktion

8 Rückschlag- und Senkbremsventile

8.1 Rückschlagventil

Rückschlagventile lassen den Volumenstrom in einer Richtung ungehindert passieren, sperren ihn aber in der Gegenrichtung.
Aufgrund ihres Aufbaus, meist als Kugel- oder Kegelventil ausgeführt, dichten sie leckfrei ab. Das Ventil wird von einer Feder auf dem Sitz gehalten; der Federdruck beträgt je nach Anwendung 0,05 bis 0,3 MPa (0,5 bis 3 bar, Bild 8-1).

Für Ventile im Saugteil der Pumpe und in Nachsaugeventilen werden oft überhaupt keine Federn verwendet, um Ansaugprobleme zu vermeiden. Diese Ventile müssen senkrecht montiert werden, damit die Schwerkraft das Ventil auf dem Sitz hält.

In den bereits behandelten Schaltungen sahen wir schon eine Reihe von Anwendungen für das Rückschlagventil.

Bild 8-2 enthält ein Beispiel für eine Graetz-Schaltung. Die vier in das Stromregelventil eingebauten Rückschlagventile lassen den Volumenstrom sowohl beim Ein- als auch beim Ausfahren in die richtige Richtung durch das Stromventil fließen. Die Geschwindigkeit der beiden Hübe wird somit von einem Stromregelventil reguliert.

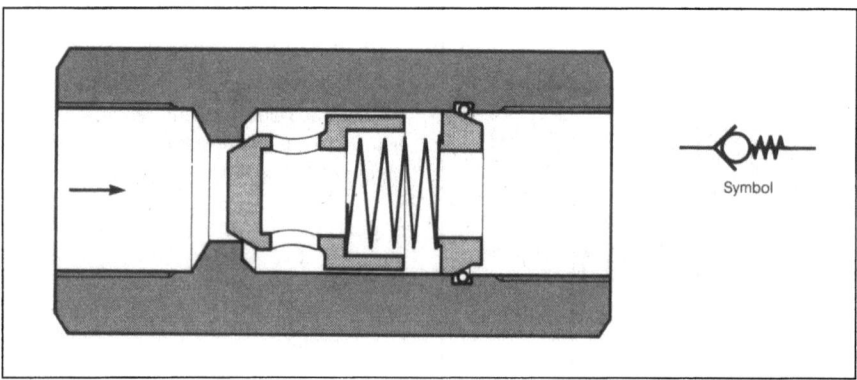

Bild 8-1

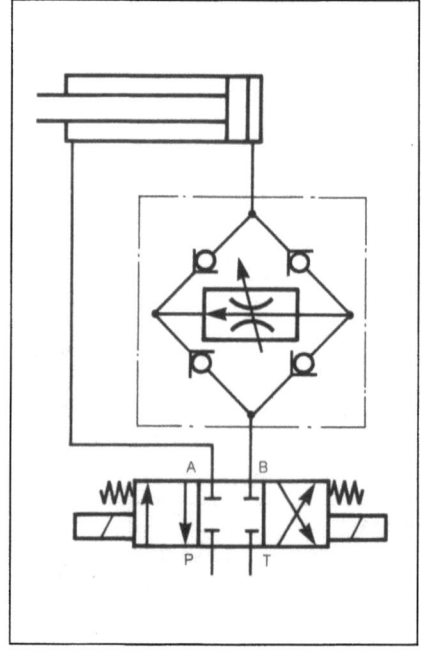

Bild 8-2

8.2 Gesteuertes Rückschlagventil

Im Gegensatz zum üblichen Rückschlagventil kann ein gesteuertes Rückschlagventil das Öl dennoch in Sperrichtung durchlassen.
Dazu kann das Ventil über eine gesonderte Steuerleitung hydraulisch/mechanisch geöffnet werden (Bild 8-3 b).

Um den belasteten Zylinder im Bild 8-3 a in seiner Position zu halten, ist ein Steuerschieber mit geschlossener Mittelstellung nicht ausreichend. Mit diesem Schieber wird keine leckfreie Abdichtung erzielt, und der Zylinder bewegt sich langsam aus der erforderlichen Position weg.

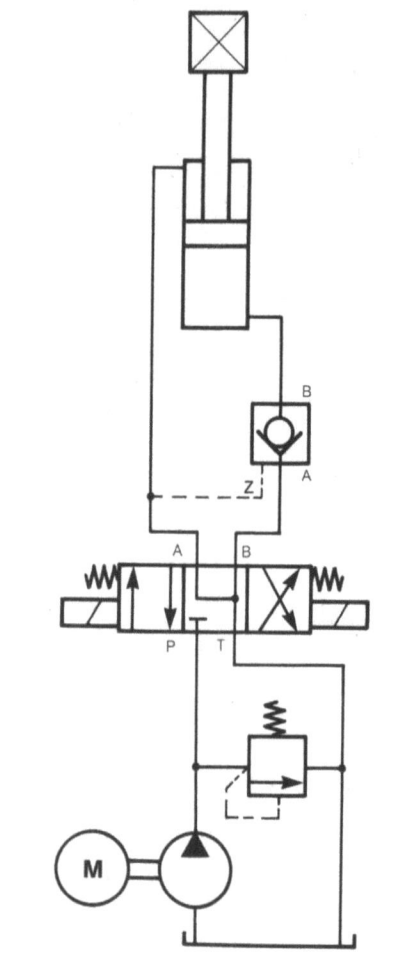

Bild 8-3 a

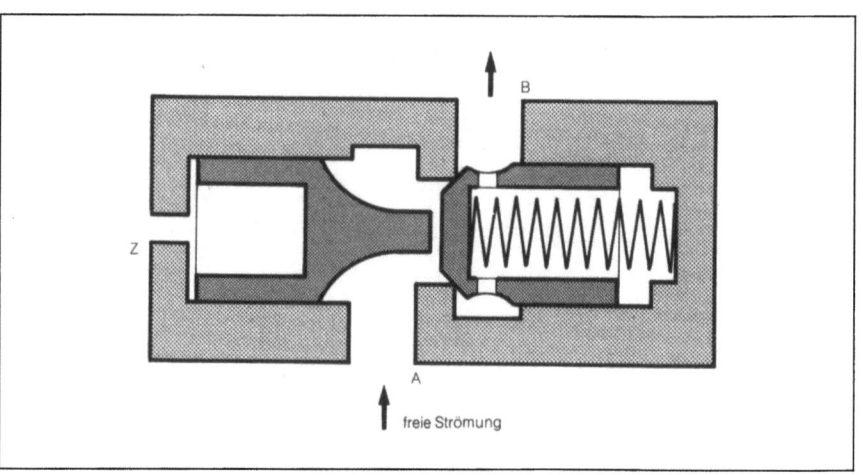

Bild 8-3 b

Rückschlag- und Senkbremsventile

Das gesteuerte Rückschlagventil im Bild 8-3 verhindert ein ungewolltes Absenken der Last; durch den Lastdruck wird der Ventilkegel auf seinen Sitz gepreßt. Um die Last abzusenken, muß der Arbeitsanschluß A mit dem Druckanschluß P, und B mit dem Ablauf T verbunden werden. Damit wird an der Kolbenstangenseite des Zylinders ein Druck aufgebaut, der über die Steuerleitung auch am Anschluß Z des Rückschlagventils ansteht.

Dadurch wird das Rückschlagventil geöffnet, und Öl kann von der Kolbenbodenseite des Zylinders in den Behälter ablaufen. Durch die Last senkt sich der Zylinder schneller ab als Öl an der Stangenseite zugeführt werden kann; dies wird mit Voreilen des Zylinders bezeichnet.

Das Voreilen wird vom Rückschlagventil verhindert: in dem Moment, in dem der Zylinder voreilen will, fällt der Druck an der Kolbenstangenseite, wodurch auch der Steuerdruck am Anschluß Z abnimmt und das Rückschlagventil den Durchlaß verkleinert oder sogar verschließt.

Dadurch wird wiederum Druck aufgebaut, und der Vorgang wiederholt sich. Bei einer ungünstig gestalteten oder eingestellten Anlage kann dies zu Erschütterungen bei den Bewegungen führen. Mit einer einstellbaren Drossel in der Steuerleitung nach dem Anschluß Z lassen sich diese aber hinlänglich dämpfen.

Die Höhe des erforderlichen Steuerdrucks an Z hängt vom Druck an B sowie vom Flächenverhältnis zwischen Rückschlagventil und Steuerkolben ab.

Für das gesteuerte Rückschlagventil wird immer das sogenannte Öffnungsdruckverhältnis angegeben, z. B. 1 : 3. Das bedeutet, daß bei einem Druck von 12 MPa (120 bar) an B der erforderliche Mindeststeuerdruck an Z 12/3 = 4 MPa (40 bar) beträgt.

8.3 Senkbremsventile

Senkbremsventile sind vervollkommnete, gesteuerte Rückschlagventile.
Wirkungsweise und Anwendung sind mit dem Unterschied vergleichbar, daß das Senkbremsventil auch als Drucksicherung bei Überlastung des Verbrauchers durch Kräfte von außen wirkt. Das geht deutlich aus dem Schaltplan (Bild 8-4) hervor. Der Druck, auf den das Ventil eingestellt wird, muß etwa 30% höher als der maximale Druck sein, der von der Last ausgeübt wird.

8.4 Schlauchbruchsicherung

Diese Ventile werden direkt am Hydraulikzylinder angebracht. Mit ihnen wird verhindert, daß die Last, beispielsweise die Mulde eines Kippers, bei Schlauchbruch unkontrolliert herunterfällt. Das Rückschlagventil schließt infolge des Staudrucks auf die Kugel oberhalb eines bestimmten Volumenstroms dicht oder nahezu dicht ab, so daß die Last abgestoppt oder mit langsamer Geschwindigkeit abgesenkt wird.

Anmerkung: Ein direkt am Zylinder montiertes gesteuertes Rückschlagventil kann die Funktion der Schlauchbruchsicherung übernehmen.

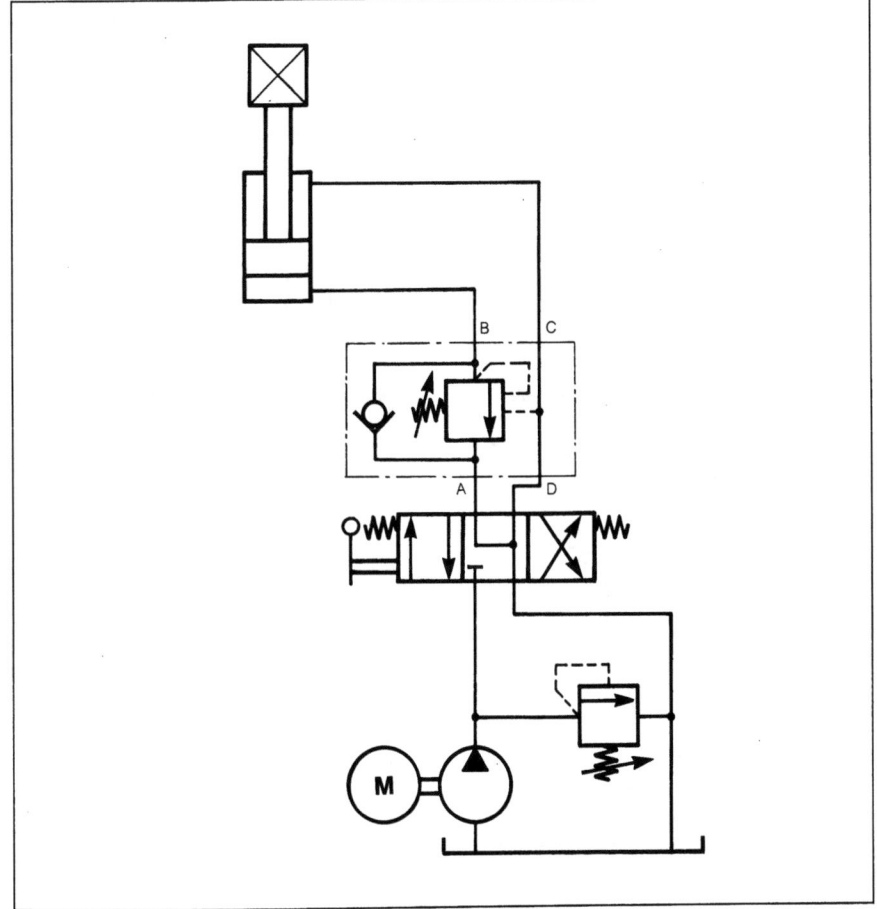

Bild 8-4

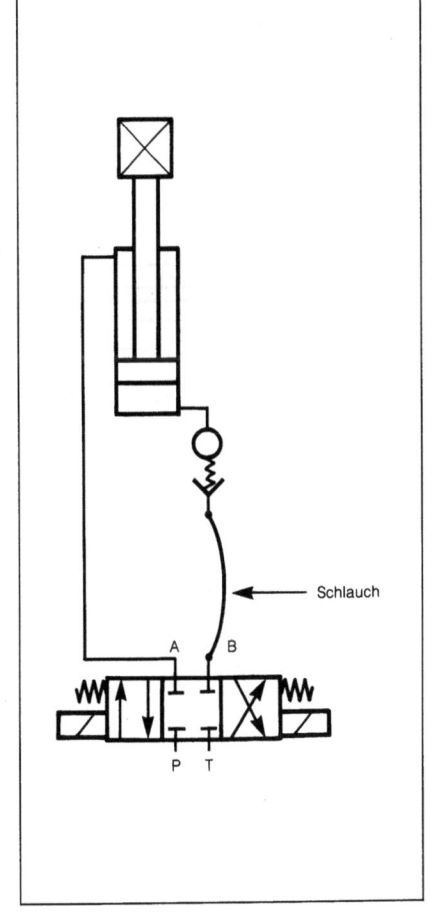

Bild 8-5: Symbol NICHT normgemäß

9 Aufbereitung

9.1 Filter

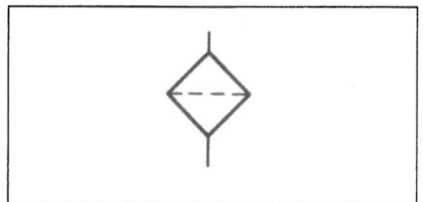

Bild 9-1

Der Filter gehört zur Aufbereitungsgruppe der hydraulischen Anlage.
Aufgabe des Filters ist es, das Öl sauberzuhalten, denn Schmutz ist der größte Feind des hydraulischen Systems. Wird die Zahl der Schmutzteilchen auf ein Minimum beschränkt, kann die Lebensdauer der Hydraulikanlage beträchtlich verlängert werden.

Verunreinigungen in fester Form gelangen in die Anlage
– während des Aufbaus der Anlage, z. B. Metallspäne, Schleifteilchen und Staub;
– während des Füllens oder Nachfüllens des Behälters, z. B. in Bodenbewegungsmaschinen, die in staubiger Umgebung arbeiten;
– durch Belüftung: bei fallendem Ölstand wird Luft in den Behälter gesaugt;
– durch normalen Verschleiß von Bauelementen, Runddichtringen und Dichtungen;
– durch unnormalen Verschleiß von Bauelementen, Runddichtringen und Dichtungen.

Je nach Anordnung des Filters in der Anlage unterscheidet man:
– Saugfilter,
– Druckfilter,
– Rücklauffilter (siehe Bild 9-2).

Die in diesen Filtern zurückgehaltenen Schmutzteilchen mißt man in Mikrometern (μm), wobei 1 μm gleich 1/1000 mm ist.
Auch der Grad der Filtration, also die Leistung des Filters, wird in Mikrometern angegeben, z. B. „Druckfilter 10 μm".
Dabei unterscheidet man zwischen einem Nenn- und einem Absolutwert:

Bei einem Filter mit einem Nennwert von 10 μm werden 98% der Teilchen über 10 μm zurückgehalten.

Bei einem Filter mit einem Absolutwert von 10 μm werden 100% der Teilchen über 10 μm zurückgehalten.

Gegenwärtig wird die Filtrationsleistung mit dem sogenannten β-Verhältnis angegeben (ISO 4572).
So bedeutet zum Beispiel $\beta 20 > 75$: Anzahl der Teilchen über 20 μm vor dem Filter ist gleich 75 × Anzahl der Teilchen über 20 μm nach dem Filter (1:75 entspricht 98,7%).

Der Saugfilter besteht häufig aus einem Wegwerf-Filtereinsatz aus Papier, der unterhalb des Ölstands direkt an die Saugleitung geschraubt

Bild 9-3: Saugfilter

wird. Zumeist ist dieser Filter mit 60 bis 100 μm ein recht grober, obwohl es auch feinere Saugfilter mit 30 bis 10 μm gibt.
Die erforderliche Durchflußleistung liegt im Mittel beim 2,5- bis 3-fachen der Pumpenförderleistung, um Ansaugprobleme zu vermeiden, die zur Kavitation führen können.

Der Druckfilter oder Hochdruckfilter sitzt im Hochdruckteil der hydraulischen Anlage.

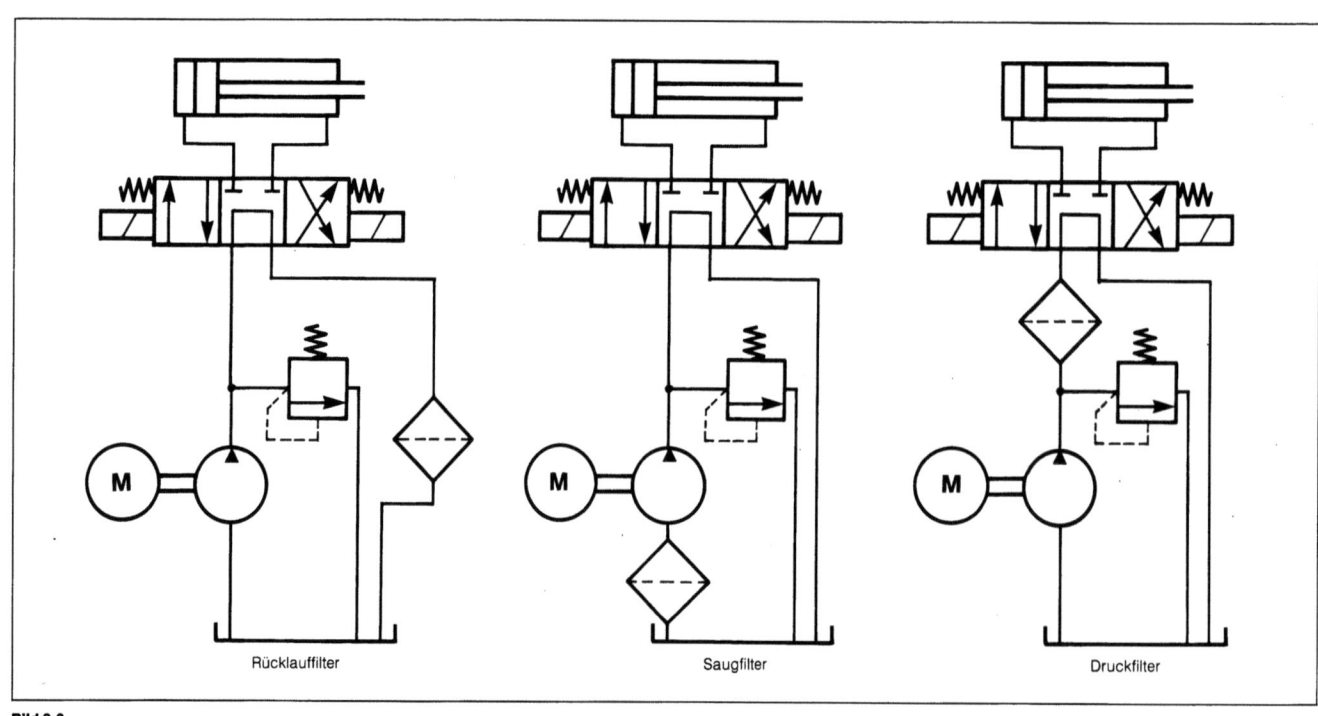

Bild 9-2

Er filtriert das gesamte Öl, das in die Anlage gelangt.
Im Aufbau ist er schwer und kostspielig, weil das Filtergehäuse den hohen Anlagendrücken widerstehen muß.

Da der Filter im Druckteil nach der Pumpe angeordnet wird, ist eine sehr feine Filtration bis zu 1 μm möglich, die z. B. für Servoanlagen auch notwendig ist.

Der Rücklauffilter, zumeist im Behälter angebracht, filtriert das Öl, das aus der Anlage

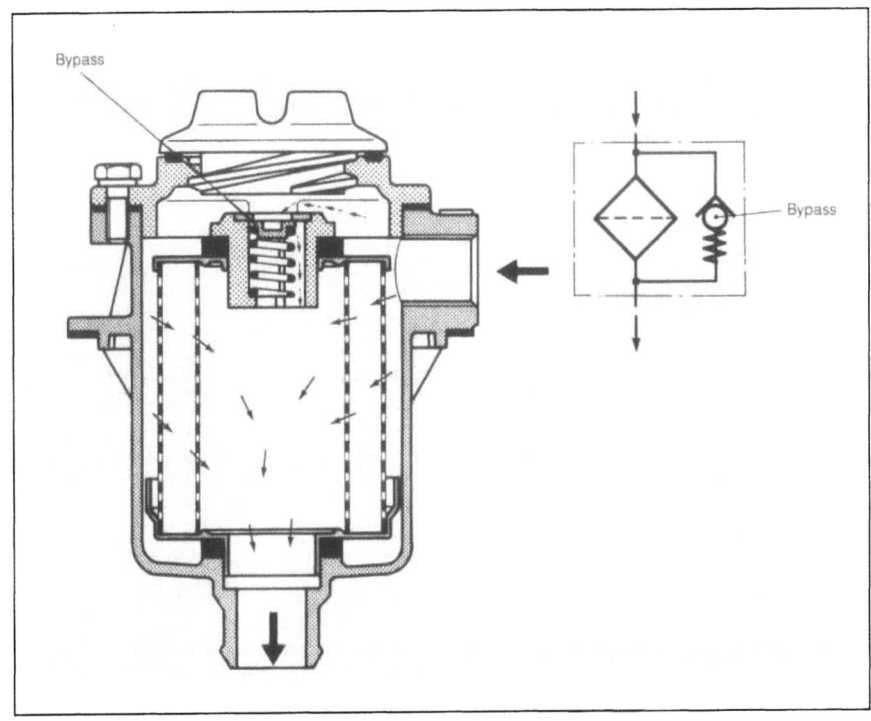

Bild 9-6: Rücklauffilter mit Bypass

Bild 9-4: Druckfilter

Bild 9-5: Rücklauffilter

zurückgeführt wird. Durch diesen Filter werden alle möglichen Verschleißteilchen zurückgehalten, so daß das Rücklauföl sauber in den Behälter gelangt. Seine Filtrationsleistung liegt zwischen 10 und 60 μm. Meist enthält der Rücklauffilter einen Magnetfilter, wodurch auch feine Metallteilchen zurückgehalten werden.

Vielfach sind Druck- und Rücklauffilter mit einem sogenannten Bypass (Umgehungsleitung) versehen (siehe Bild 9-6).
Durch die Verschmutzung des Filtereinsatzes wird der Druckabfall über dem Filter größer. Dadurch kann der Filtereinsatz zusammengepreßt werden oder der Druck im Filtergehäuse zu stark ansteigen. Der Bypass verhindert das, indem bei Überschreiten eines bestimmten Druckgefälles Öl um den Filter herumgeleitet wird.

Filter müssen rechtzeitig ausgetauscht werden. In den Wartungsvorschriften werden vom Hersteller der Anlage Fristen genannt, die zumeist in Betriebsstunden ausgedrückt sind.
Ist es aufgrund der Betriebsbedingungen zu einer zusätzlichen Verschmutzung gekommen oder zeigt der Schmutzanzeiger eine Filterverunreinigung an, muß der Filter unverzüglich ersetzt werden.

Bild 9-7: Filter mit Schmutzanzeige

9.2 Kühlung

Der Wirkungsgrad einer hydraulischen Anlage liegt zwischen 60 und 85%. Das bedeutet, daß 15% bis 40% der Pumpenantriebsleistung in Wärme umgesetzt werden.
Diese Wärme wird vom Öl aufgenommen und an die Bauelemente, Leitungen, den Behälter usw. abgegeben.

Für die meisten Anlagen gilt eine maximale Betriebstemperatur von 333 K (60 °C). Steigt die Temperatur über den zulässigen Höchstwert an, können Probleme entstehen, sowohl für das Öl und die Bauelemente als auch für die Funktion der Anlage.
Zur Vermeidung solcher Probleme werden Ölkühler eingesetzt, die mit Thermostatregelung die Temperatur des Rücklauföls auf bestimmte Werte begrenzen.
In der Industrie werden häufig Flüssigkeitskühler verwendet, während in der Mobilhydraulik überwiegend Luftkühler genutzt werden (Bild 9-8).

Ob ein Kühler notwendig ist und wie groß die erforderliche Kühlleistung ist, hängt von der Art der Anlage ab. Wichtige Gesichtspunkte dabei sind:
– Inhalt und Oberfläche des Behälters,
– Leitungsoberfläche,
– installierte Leistung und Wirkungsgrad,
– Umgebungstemperatur,
– Einschaltdauer der Anlage.

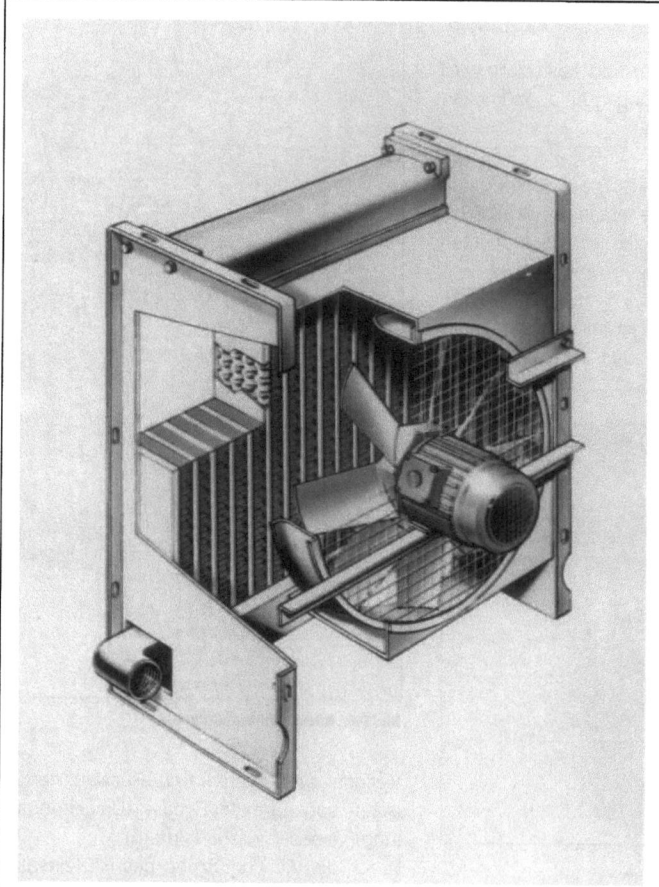

Symbol

Bild 9-8

9.3 Behälter

Der Behälter enthält einen Ölvorrat, außerdem dient er zur Wärmeabführung und zum Auffangen von Schmutzteilchen.
Die Behältergröße ist von der Anwendung abhängig. Als Faustregel gilt, daß das Ölvolumen im Behälter mindestens drei mal so groß wie der Volumenstrom der Pumpe in l/min sein sollte.

Beispiel
Gegeben: Volumenstrom der Pumpe $q_v = 5$ l/min
Behälterinhalt: mindestens 3 x 5 l = 15 l.

Im Bild 9-9 ist ein Behälter gezeigt, in den die Pumpe eingebaut und der Elektromotor auf dem Behälterdeckel befestigt ist. An der Frontseite des Behälters ist ein Schauglas für den Ölstand zu sehen. Bei der Ölstandskontrolle ist darauf zu achten, daß die Zylinder die richtige

Symbol

Bild 9-9

Aufbereitung

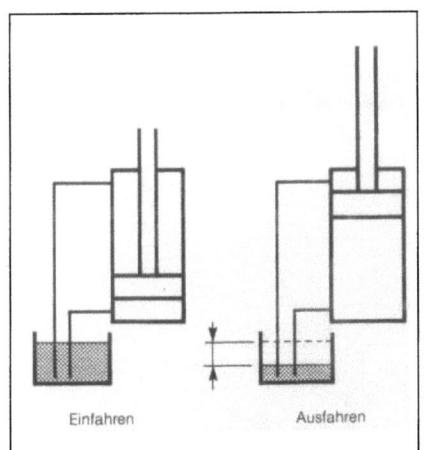

Bild 9-10

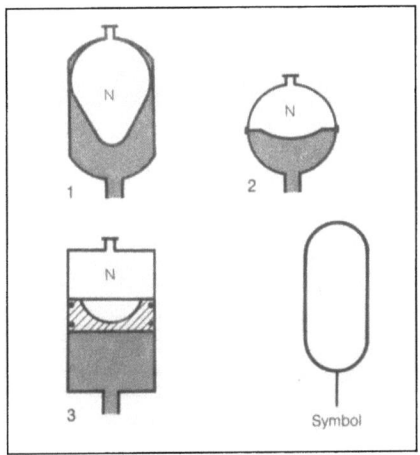

Bild 9-11

Stellung haben, um den Ölstand korrekt beurteilen zu können (Bild 9-10).

9.4 Druckspeicher

Mit dem Druckspeicher soll hydraulische Energie gespeichert und wieder abgegeben werden.

Druckspeicher werden unter den folgenden Bedingungen eingesetzt:

1. Als Hilfsenergiequelle in Anlagen, in denen kurzzeitig ein großer Volumenstrom notwendig wird. Pumpe und Speicher arbeiten dann zusammen, so daß eine relativ kleine Pumpe verwendet werden kann.

2. Als Energiequelle für Havariefälle, so daß bei Anlagenausfall ein begonnener Zyklus zu Ende geführt werden kann.

3. Als Energiequelle, die den Druck in einer Anlage aufrecht erhält und eventuelle Leckverluste ausgleicht; die Pumpe kann dann ausgeschaltet werden.

4. Zur Glättung von Druckspitzen und Pulsationen infolge von Schaltvorgängen und ungleichmäßigen Förderströmen der Pumpe.

5. Zum Speichern und Freisetzen von Bremsenergie.

6. Als Federungselemente, z. B. in der hydropneumatischen Federung von Citroën.

In der Hydraulik werden folgende Bauarten eingesetzt (Bild 9-11):
1. Blasenspeicher,
2. Membranspeicher und
3. Kolbenspeicher.

Alle diese Druckspeicher arbeiten nach dem gleichen Prinzip. Als Beispiel wählen wir den Blasenspeicher (Bild 9-12). Er besteht aus einem Stahlbehälter, der einen Gummibalg enthält. Der Balg ist mit Stickstoff gefüllt, dessen Druck je nach Anwendung zwischen 35 und 90% des maximalen Arbeitsdrucks beträgt. Aufgrund der Explosionsgefahr darf hierfür keine Luft verwendet werden.

Der Balg ist mit einem Ventil versehen, das an der Oberseite des Speichers nach außen ragt. Mit diesem Ventil wird der Stickstoffdruck eingestellt oder geändert.

An der Unterseite des Speichers befindet sich der Anschluß für die hydraulische Anlage. Die Pumpe drückt das Öl in den Speicher, wodurch der Balg zusammengepreßt wird und der Stickstoffdruck ansteigt (Bild 9-12b).
Wird nun der Speicher über die Steuerung beispielsweise mit einem Hydromotor verbunden, dann treibt der komprimierte Stickstoff das Öl aus dem Speicher und der Hydromotor wird angetrieben, ohne daß die Anlagenpumpe Öl zu fördern braucht (Bild 9-12c).

Das Ventil ganz unten im Druckspeicher wird vom ausgedehnten Balg verschlossen und verhindert, daß der Balg in die Leitung gedrückt und dadurch beschädigt werden könnte.

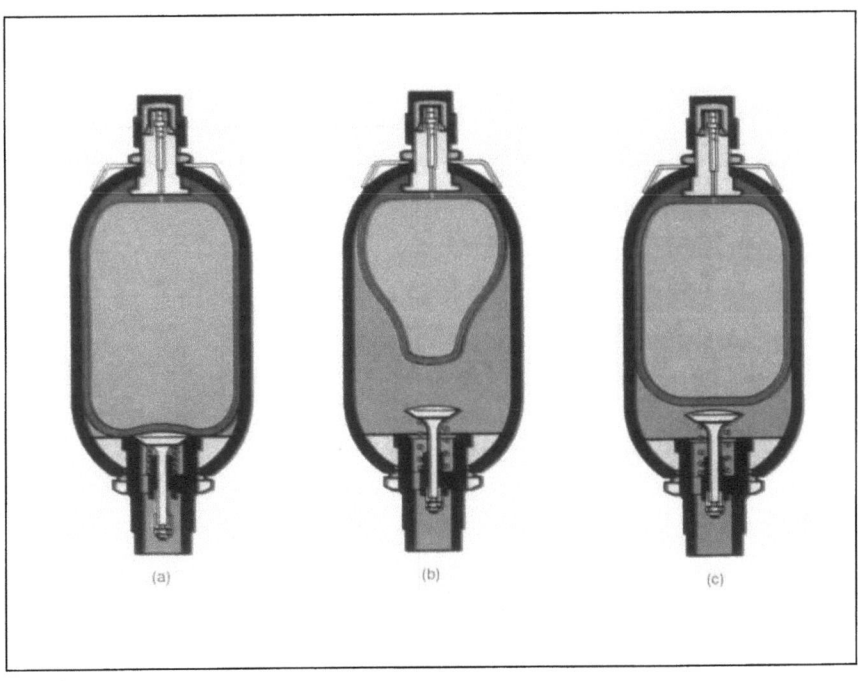

Bild 9-12

Der Hydromotor im Bild 9-14 muß kurzzeitig mit einer hohen Drehzahl rotieren. Dies wird mit Hilfe eines Druckspeichers verwirklicht.

Nach dem Anlaufen der Pumpe wird zunächst der Speicher gefüllt. Das Rückschlagventil (3) verhindert die Entleerung des Speichers über die Pumpe, wenn diese nicht mehr angetrieben wird.

Ist der Speicher gefüllt, wird das 4/3-Wegeventil betätigt, womit Pumpe und Speicher gemeinsam arbeiten, damit der Hydromotor kurzzeitig mit hoher Drehzahl rotieren kann. Dabei muß das Volumen des Speichers natürlich genau berechnet sein. Während das 4/3-Wegeventil in Mittelstellung steht, wird der Speicher wieder aufgeladen.

Bild 9-13 zeigt einen Blasenspeicher mit Sicherheitsvorrichtung.

Der Speicher im Bild 9-14 ist ein Druckbehälter und muß daher unbedingt mit einer solchen Sicherheitseinrichtung versehen werden. Diese besteht aus zwei Sperrventilen (1), einem verplombten Druckbegrenzungsventil (2) und einem Manometer.

Mit den Sperrventilen muß der Speicher beispielsweise bei Arbeiten an der Anlage abzusperren sein. Wird der Speicher nicht entlastet, besteht die Möglichkeit, daß sich bei solchen Arbeiten plötzlich ein Zylinder oder Hydromotor in Bewegung setzt oder beim Abbau einer Leitung oder eines Schlauchs die gespeicherte Energie schlagartig freigesetzt wird.

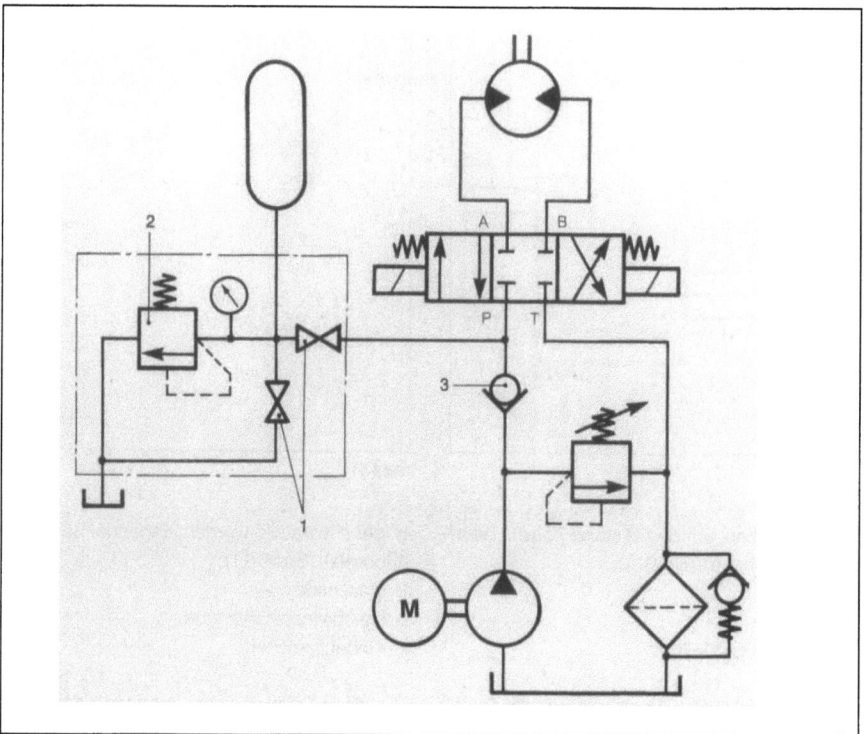

Bild 9-14

Man nutzt den Speicher auch, um plötzliche Druckveränderungen in der Hydraulikanlage abzufangen (Bild 9-15). Diese Änderungen können die Folge von pulsierenden Förderströmen, Druckstößen aufgrund von Schaltvorgängen oder schwankenden Motorbelastungen sein. Als Schwingungsdämpfer wird meist ein Membranspeicher (Bild 9-16) eingesetzt, in dem der Stickstoffdruck bei 90% des maximalen Arbeitsdrucks liegt.

Bild 9-16: Membranspeicher

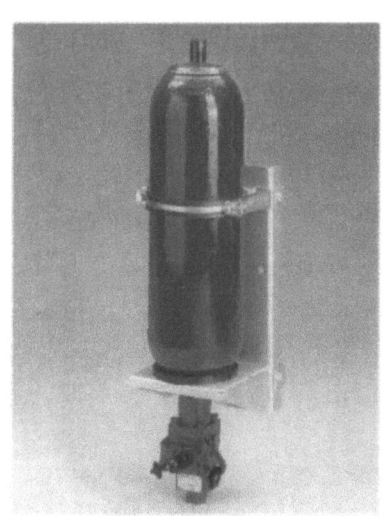

Bild 9-13

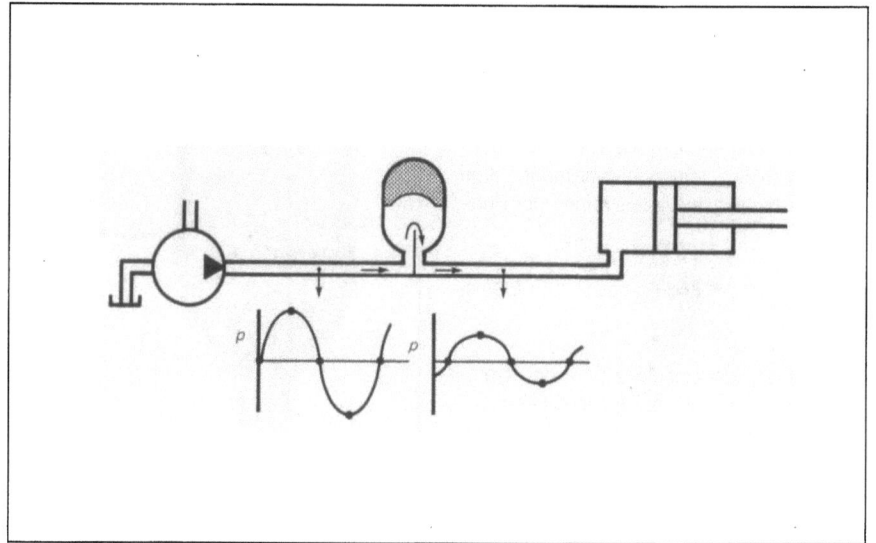

Bild 9-15

9.5 Meßinstrumente

Zur optimalen Funktion und Kontrolle einer hydraulischen Anlage sind Meßwerte erforderlich. Die wichtigsten möglichen Messungen sind:

1. Ölstand: dazu ist der Ölbehälter mit einem Schauglas versehen.
2. Öltemperatur: oft ist das Schauglas mit einem Quecksilberthermometer kombiniert (siehe Bild 9-17).
3. Filter mit Schmutzanzeige: siehe Abschnitt „Aufbereitung".
4. Druck: mit Manometern (Bild 9-18) oder elektronischen Druckmeßdosen.
   Ein häufig angewendetes Druckmeßsystem nutzt an verschiedenen Stellen der Anlage vorgesehene Meßpunkte in Form von Mini-Schnellkupplungen. Wenn man ein Manometer mit Schnellkupplung an diese Meßstellen ankuppelt, kann der jeweilige Druck abgelesen werden. Kuppeln und Entkuppeln können im Betriebszustand der Anlage erfolgen.
5. Volumenstrom (Bild 9-19): im allgemeinen werden dafür Volumenstrommeßgeräte verwendet, was bedeutet, daß der gesamte

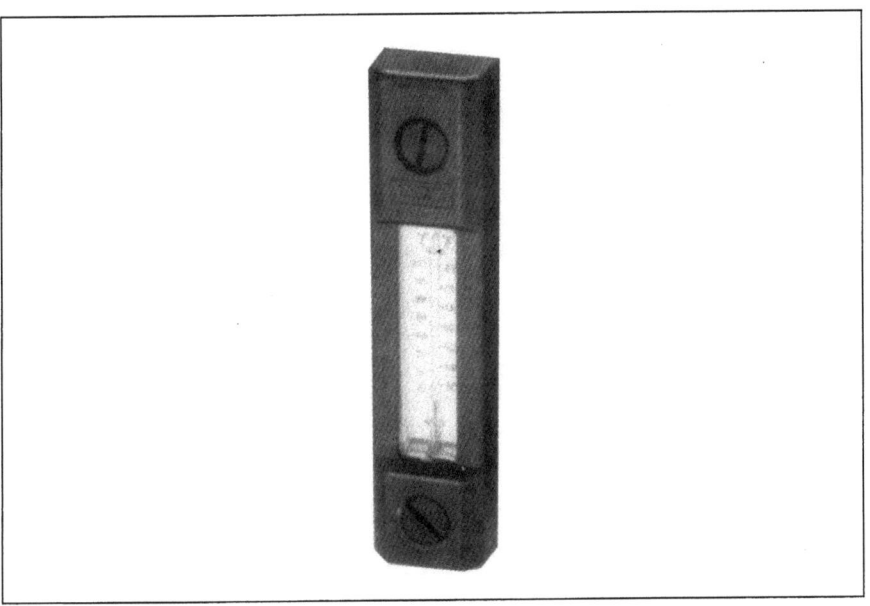

Bild 9-17

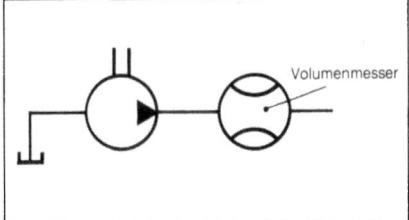

Bild 9-19

Volumenstrom durch das Meßgerät fließt. Der Volumenstrom wird direkt am Gerät abgelesen oder elektronisch zur Anzeige gebracht.

Eine weitere Lösung zur Bestimmung des Volumenstroms ist die Verwendung eines Meßglases und einer Stoppuhr.

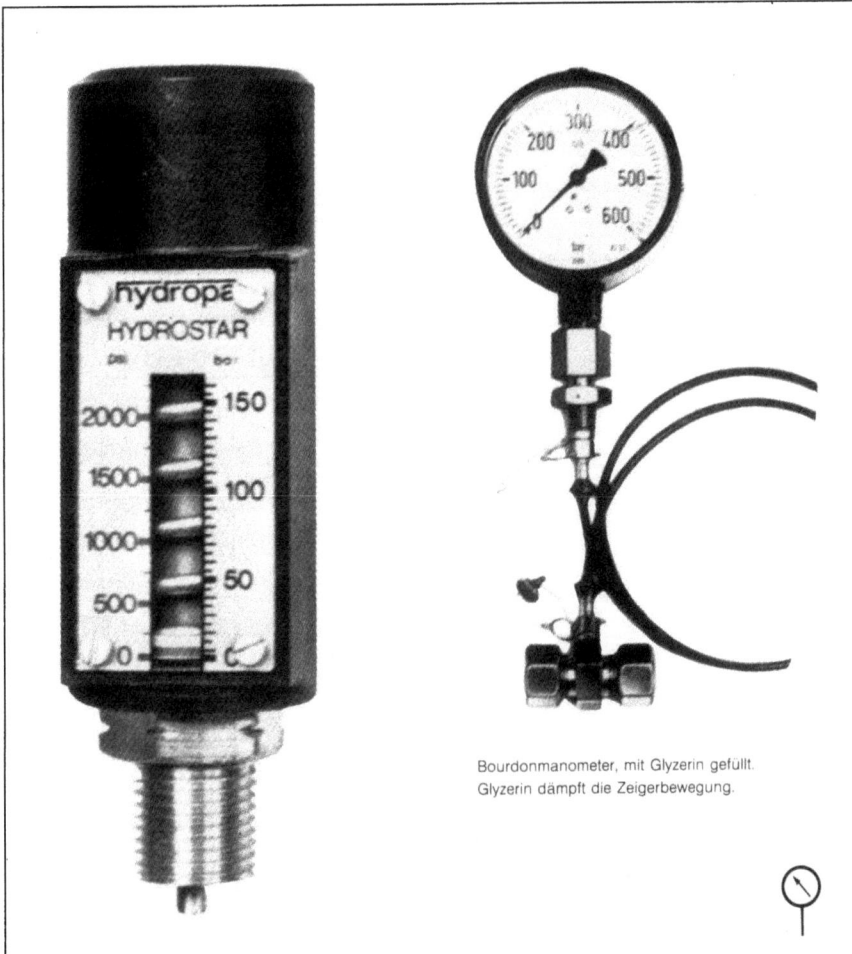

Bourdonmanometer, mit Glyzerin gefüllt. Glyzerin dämpft die Zeigerbewegung.

Bild 9-18: Manometerarten

10 Grundschaltungen

10.1 Offene und geschlossene Anlage

Bei einer offenen hydraulischen Anlage saugt die Pumpe Öl aus dem Behälter an. Dieses Öl wird unter Druck der Anlage zugeführt und strömt nach den Verbrauchern über die Rücklaufleitung wieder in den Ölbehälter zurück (Bild 10-1 a).

Bei der geschlossenen Anlage wird die Rücklaufleitung vom Verbraucher direkt an die Saugseite der Pumpe angeschlossen (Bild 10-1 b). So kann man bei Verbrauchern vorgehen, deren zugeführter Volumenstrom gleich dem abgeführten ist. In der Praxis bedeutet das, daß die geschlossene Anlage nur für rotierende Hydromotoren geeignet ist.

Der große Vorteil dieser Anlage besteht darin, daß bei Einsatz einer regulierbaren Pumpe die Drehrichtung des Hydromotors umkehrbar ist, ohne daß ein Steuerschieber benötigt wird. Die Drehzahl des Hydromotors ist stufenlos einstellbar. (Das gilt ebenfalls für das im Bild dargestellte offene System.) Wird die Förderung der Pumpe auf Null verringert, kann der belastete Hydromotor abgebremst werden, ohne daß dazu beispielsweise Bremsventile erforderlich sind.

Anwendungsgebiete sind Fahrantriebe, besonders für Bodenbewegungsmaschinen, Krane und Landbaumaschinen sowie Windenantriebe auf Schiffen, Kranen usw.

Gegen Überlastung wird die geschlossene Anlage (Bild 10-2) durch zwei Überdruckventile (3) geschützt, die in diesem Fall auf 26 MPa (260 bar) eingestellt sind. Je nach Strömungsrichtung wird bei Überlastung des Hydromotors der Förderstrom der Pumpe über eines dieser Ventile zur Saugseite abgeführt. Gleichzeitig können diese Ventile als Bremsventile für den Hydromotor wirken.

Infolge von Leckverlusten in der Pumpe und im Hydromotor enthält die Anlage immer weniger Öl. Zur Vermeidung eines Ölmangels gleicht die Nachfüllpumpe (1) über eines der Rückschlagventile (2) die Leckverluste aus. Der Förderstrom der Nachfüllpumpe, zumeist eine Zahnradpumpe, liegt bei 10 bis 15% des maximalen Förderstroms der Hauptpumpe.

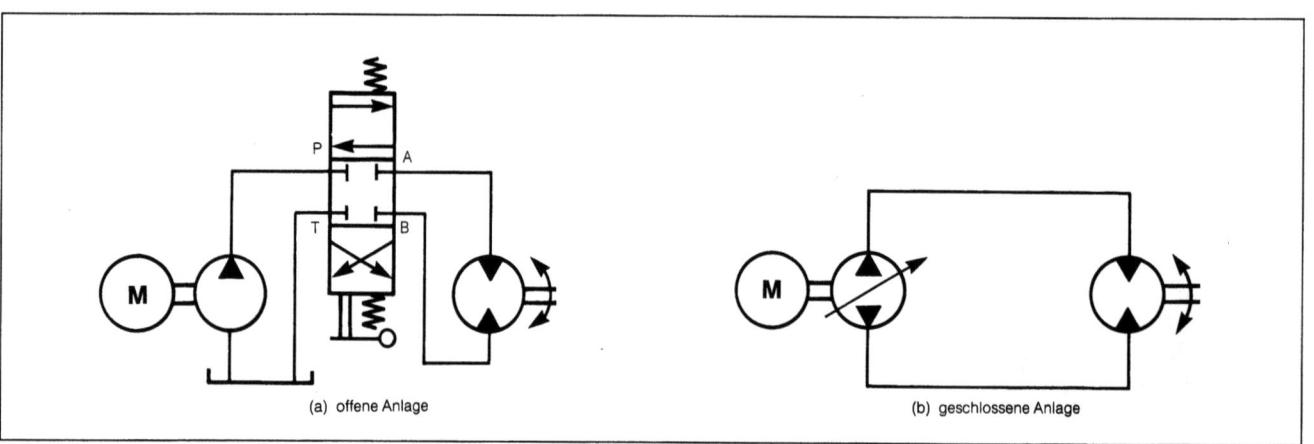

(a) offene Anlage (b) geschlossene Anlage

Bild 10-1

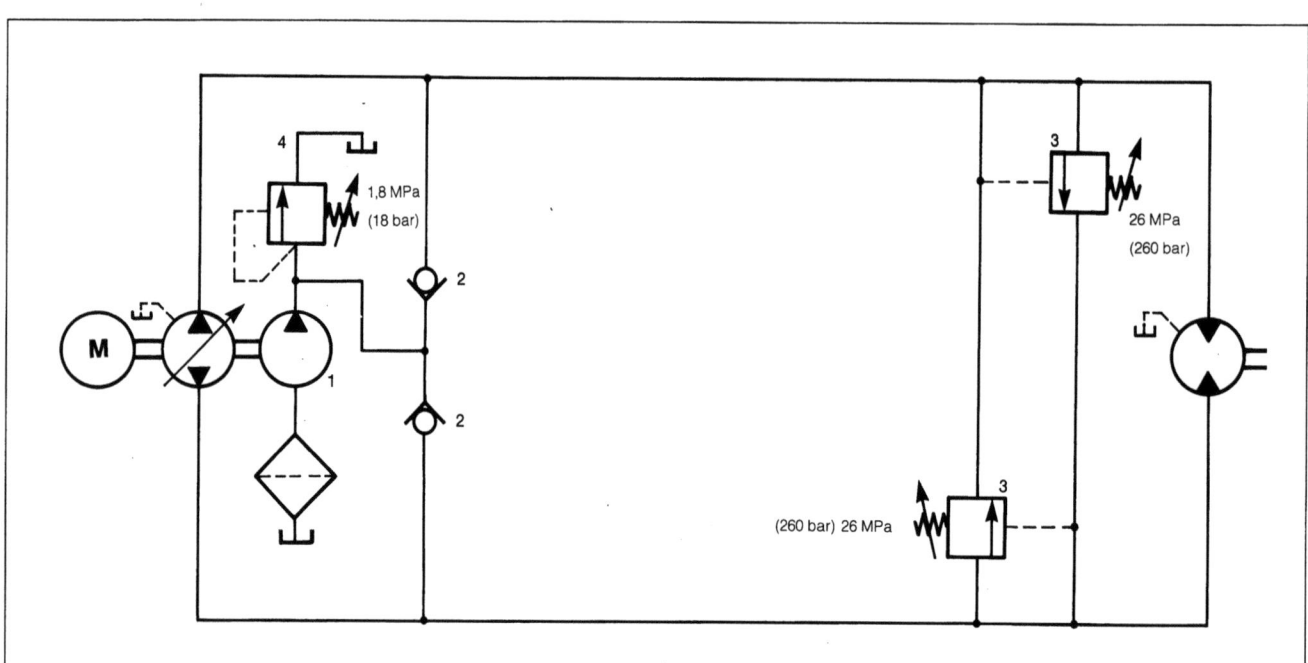

Bild 10-2

Grundschaltungen

Das Überdruckventil (4) bestimmt den maximalen Nachfülldruck und ist auf 1,8 MPa (18 bar) eingestellt.

Bild 10-3 zeigt eine vollständige geschlossene Anlage. Um die in der Anlage entstandene Wärme besser abführen zu können, wurde die Leistung der Nachfüllpumpe auf etwa 30% der Leistung der Hauptpumpe erhöht. Mit Hilfe eines Spülventils wird bei arbeitender Anlage altes Öl aus dem Saugkreislauf abgezapft und über das Überdruckventil (6), den Filter (7) und den Kühler (8) in den Behälter zurückgepumpt.

Vom Überdruckventil (6), das auf 1,4 MPa (14 bar) eingestellt ist, wird der maximale Spüldruck bestimmt.

Das Überdruckventil (4) spricht im Prinzip nicht mehr an, und der komplette Förderstrom der Nachfüllpumpe wird somit unter Druck dem Saugkreislauf zugeführt.

Im Bild 10-4 sind die Bedingungen der Anlage im Betrieb wiedergegeben. Das Öl im Hauptkreislauf strömt in der angenommenen Richtung. Bei den im Schema angegebenen Werten wird davon ausgegangen, daß die Pumpe und der Hydromotor jeweils 5 l/min Lecköl verlieren. Die Nachfüllpumpe kann 30 l/min fördern, die maximale Förderleistung der Hauptpumpe beträgt 100 l/min.

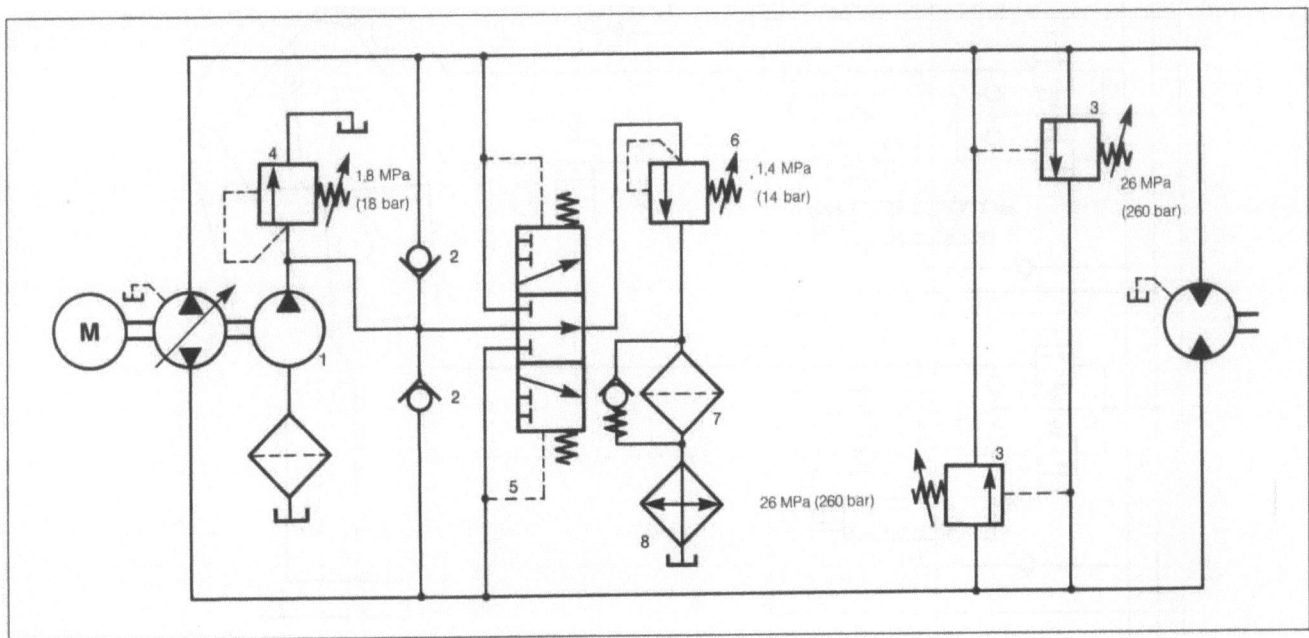

Bild 10-3

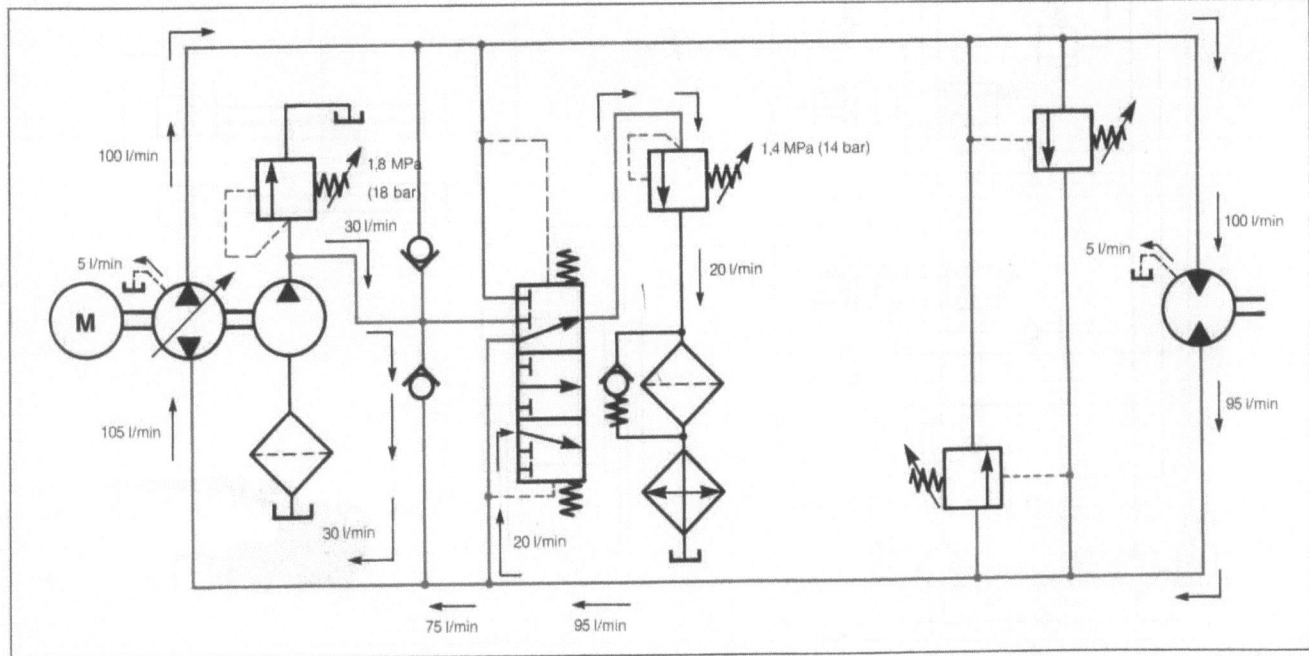

Bild 10-4

Grundschaltungen

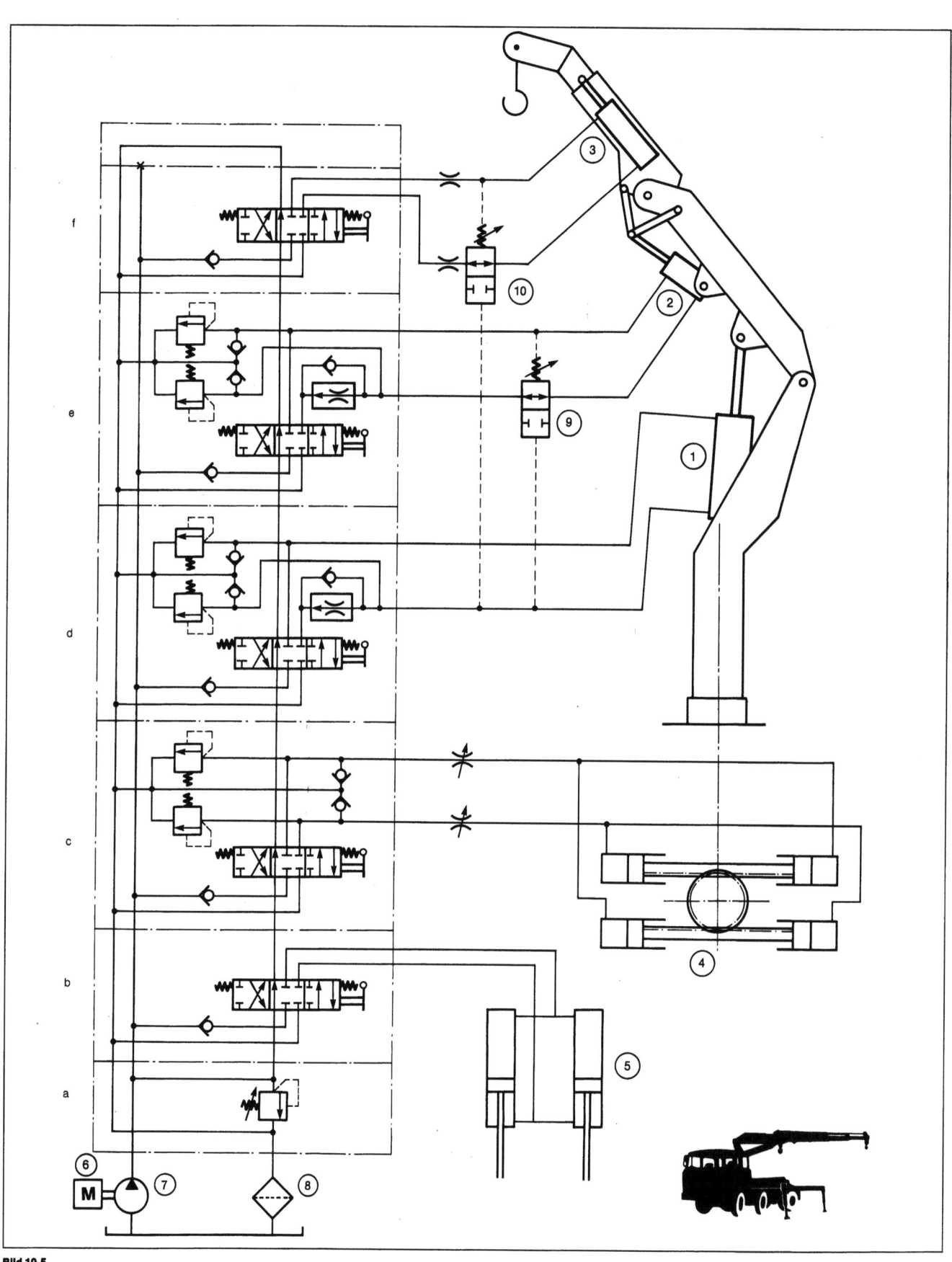

Bild 10-5

10.2 Hydraulisches Schema eines Autokrans

Erläuterung von Bild 10-5

Der Autokran realisiert fünf verschiedene hydraulische Funktionen:

1. Zylinder 1, der Hebezylinder, dient zum Heben und Senken der Last.

2. Zylinder 2, der Knickarm, ermöglicht das Abknicken des oberen Arms und damit das genaue Positionieren der Last.

3. Zylinder 3, der Ausfahrzylinder, betätigt den ausfahrbaren Teil der Kranarmspitze.

4. Ein oder mehrere Zylinder 4 sorgen für die Schwenkbewegung des gesamten Krans, wenn auch mit einem begrenzten Drehwinkel von beispielsweise 400°.

5. Zylinder 5, die Stempelzylinder, betätigen die Stempel. Die Stempel müssen vor Beginn der Kranarbeiten bis zum Untergrund ausgefahren werden, um die Standfestigkeit des Fahrzeugs zu erhöhen.

Bild 10-6: Lastwagen mit Autokran

Die Hydropumpe wird vom Lastwagenmotor angetrieben und pumpt im dargestellten Beispiel das Öl über den Schieberblock und den Rücklauffilter (8) zurück zum Behälter. Der dabei erzeugte Druck und somit auch der Druckverlust ist minimal.

Block a (Bild 10-5) enthält das Überdruckventil, das den maximalen Anlagendruck bestimmt.
Die Stempel (5) werden von Hand über das 6/3-Wegeventil im Block b betätigt.
Im Block c sind außer dem Wegeventil für die Schwenkzylinder (4) noch zwei Druckbegrenzungsventile und zwei Nachsaugeventile enthalten. Diese schützen die Zylinder vor Überlastung und Kavitation, wenn das Ventil beim Schwenken des Krans plötzlich in die Mittelstellung gesetzt wird.

Die Wegeventile sind parallel an die Pumpe angeschlossen. Bei gleichzeitiger Betätigung mehrerer Ventile läuft das Öl zu dem Zylinder, der den geringsten Druck erfordert (der am wenigsten belastete Zylinder). Um zu verhindern, daß in diesem Fall Öl vom am schwersten belasteten Zylinder zum am wenigsten belasteten zurückfließt, ist in der Zufuhrleitung jedes Ventils ein Rückschlagventil vorgesehen.

Wird ein Ventil überschneidend betätigt, arbeitet es als Drossel. Die Geschwindigkeit und Position des Zylinders läßt sich sehr genau steuern.

Block d ist mit Block e identisch: Zusätzlich zu den zwei Druckbegrenzungs- und Nachsaugeventilen enthält jeder Block ein Stromregelventil.
Mit diesem Stromregelventil wird der von den Zylindern zurückfließende Ölstrom konstant gehalten, und zwar unabhängig davon, wie schwer die Last am Kranarm ist. Dadurch ist die Senkgeschwindigkeit des Kranarms konstant.
Block f betätigt die Ausfahrzylinder, wobei die Ein- und Ausfahrgeschwindigkeit von den zwei nicht einstellbaren Drosseln bestimmt wird.

Die Ventile 9 und 10 (Bild 10-5) dienen als Lastmomentsicherung. Im Bild 10-7 ist gezeigt, was damit gemeint ist. Durch das Knicken und Ausfahren des Kranarms wird das Lastmoment auf den Kran stark erhöht. Dadurch kann der Kran überlastet werden und die gesamte Anlage kippen.

Mit der Lastmomentsicherung wird das verhindert. Steigt das Lastmoment, so erhöht sich der Druck im Hebezylinder (1) proportional dazu. Wenn dieser Druck einen bestimmten Wert (sprich das Lastmoment) übersteigt, dann werden die Ventile 9 und 10 entgegen der Federkraft betätigt, und das Lastmoment kann nicht weiter ansteigen. Zum Beispiel kann dann der Ausfahrzylinder nur noch eingefahren werden (zur Verringerung des Lastmoments).

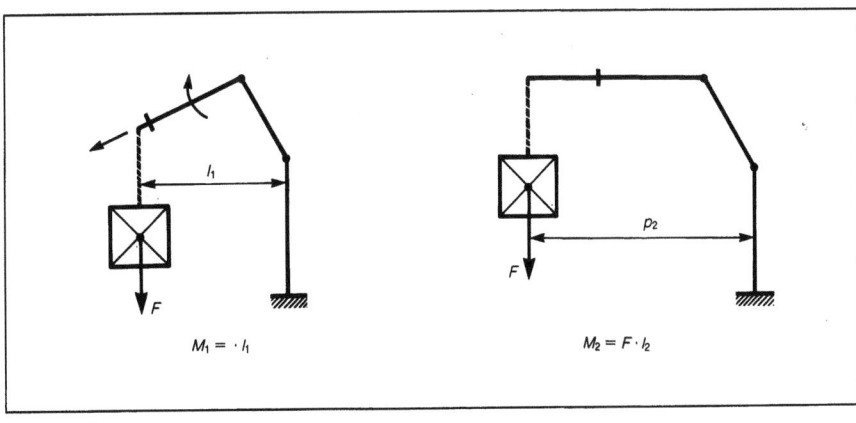

Bild 10-7

11 Hydraulikflüssigkeiten und -leitungen

11.1 Hydraulikflüssigkeiten

Für die ordnungsgemäße Funktion einer Hydraulikanlage ist es sehr wichtig, die richtige Hydraulikflüssigkeit zu wählen. Die wichtigste Aufgabe der Hydraulikflüssigkeit ist der Energietransport.
Außerdem sorgt das Öl für:
- die Schmierung beweglicher Teile wie Steuerkolben, Schiebern und Lagern;
- den Korrosionsschutz an Metallflächen;
- die Ableitung von Verunreinigungen wie Verschleißteilchen, Wasser und Luft;
- die Abführung von Wärme (Energieverlust) infolge von Leck-, Drossel- und Reibungsverlusten.

Anforderungen
An Hydraulikflüssigkeiten werden folgende Anforderungen gestellt:
- Sie dürfen nicht komprimierbar sein.
- Sie müssen die richtige Viskosität sowohl bei hohen als auch bei niedrigen Öltemperaturen haben. Dies erfordert ein Öl mit hohem Viskositätsindex (VI), z. B. Fina Hydran HV und HW.
- Sie müssen eine hohe thermische Oxidationsbeständigkeit gegen Alterung des Öls haben.
- Sie müssen vor Korrosion schützen.
- Sie müssen verschleißmindernd wirken.
- Sie müssen gute luft- und wasserabscheidende Eigenschaften haben.
- Sie müssen gut filtrierbar sein.
- Die enthaltenen Additiv-Metalle müssen gegen Zersetzung, auch bei Anwesenheit von Wasser, stabil sein (Hydrolyse).
- Dichtungen dürfen nicht angegriffen werden.
- Sie müssen eine lange Lebensdauer haben.

Viskosität
Die Viskosität einer Flüssigkeit ist ein Maß für ihr Fließverhalten (Widerstand gegen Fließen). Wasser hat eine geringe Viskosität, während Sirup eine hohe Viskosität hat.
Für die optimale Funktion einer hydraulischen Anlage ist es sehr wichtig, daß Öl mit der für die Anlage erforderlichen Viskosität verwendet wird. Ein zu dünnes Öl verkürzt die Lebensdauer der Bauelemente, weil kein optimaler Schmierfilm aufgebaut werden kann und auch die Leckverluste zunehmen. Dagegen verursacht ein zu dickes Öl Strömungsverluste und erhöht die Möglichkeit der Kavitation.
Um eine optimale Wirkung in einer hydraulischen Anlage bei Betriebstemperatur zu erzielen, muß die Viskosität zwischen 13 und 36 mm²/s (1 mm²/s ≈ 1 cSt) liegen.
Mindestviskosität: 10 mm²/s.
Höchstviskosität: 250 bis 950 mm²/s je nach Pumpentyp.

Viskositätsindex (VI)
Die Viskosität einer Flüssigkeit hängt unter anderem ab von:
a) der Temperatur der Flüssigkeit: je höher die Temperatur, desto geringer die Viskosität;
b) dem Druck in der Flüssigkeit: je höher der Druck, desto höher die Viskosität.

Um die Viskosität des Öls weniger temperaturabhängig zu machen, werden sogenannte Viskositätsverbesserer (VI-Additive) zugefügt. Der Einfluß der Temperatur auf das Öl läßt sich am Viskositätsindex ablesen. Je höher der Viskositätsindex liegt, desto geringer wirken sich Änderungen der Öltemperatur auf die Viskosität aus.

Beispiel
Zwei Öle (VI 100 sowie VI 85) haben bei 40 °C jeweils eine Viskosität von 32 mm²/s. In Tabelle 11-1 wird die Viskosität bei unterschiedlichen Temperaturen verglichen.

Art des Öls
Die verschiedenen Hydrauliköle sind je nach ihrem Anwendungsbereich wie folgt genormt:

Tabelle 11-1 (Werte in mm²/s)

	–10 °C	0 °C	40 °C	60 °C
VI 100	765	330	32	15
VI 185	395	205	32	18

Die Ölviskosität wird im allgemeinen mit der Viskositätsklasse nach ISO angegeben. Diese Zahl bezeichnet die Ölviskosität bei 40 °C in mm²/s.

Welches Öl in einer Anlage einzusetzen ist, wird vom Anlagenhersteller zumeist in Absprache mit einem Ölhersteller festgelegt.

Beispiel für eine Öl-Bezeichnung
Wir wählen FINA HYDRAN HV 46. Aus den Buchstaben HV geht der höhere Viskositätsindex hervor; 46 ist die ISO-Viskositätsklasse.

Hydraulikflüssigkeiten lassen sich in drei Gruppen einteilen:
- Mineralöle,
- schwer entflammbare Flüssigkeiten,
- biologisch abbaubare Flüssigkeiten.

Mineralöle
Von FINA gibt es hierzu die HYDRAN-Reihe. Mineralöle erhält man durch fraktionierte Destillation von Rohöl. Ihnen werden sogenannte Additive zugefügt. Das sind Stoffe, die dem Öl die gewünschten Eigenschaften verleihen oder die bereits vorhanden günstigen Eigenschaften verstärken. Dazu gehören: Bessere Beständigkeit gegen Oxidation und Korrosion, bessere Luftabscheidung und Erhöhung

ISO 6743	DIN 51524	Art des Öls und Anwendung
HH	H	Additivfreie Öle für leichtbeanspruchte Anlagen und verschleißunempfindliche Antriebe; relativ wenig angewendet.
HL	HL	Öle mit korrosionsschützenden Additiven und mit Additiven zur Verlängerung der Lebensdauer des Öls, sogenannten Antioxidationsmitteln. Anwendung: Anlagen, die thermisch etwas schwerer beansprucht werden.
HM	HLP	Wie HL-Öle, aber mit zusätzlichen verschleißhemmenden Additiven. Anwendung: mechanisch etwas schwerer beanspruchte Anlagen.
HV	HVLP	Wie HM/HLP-Öle, aber mit einem zusätzlichen VI-Additiv, wodurch das Öl weniger temperaturempfindlich ist. Anwendung: Anlagen mit stark wechselnden Beanspruchungen und großen Temperaturschwankungen.

des Verschleißschutzes. Prinzipiell eignet sich Mineralöl für alle Hydraulikanlagen von leicht belasteten bis schwer belasteten Systemen in Industrie, Schiffahrt, Kfz-Technik und Luftfahrt.

Schwer entflammbare Flüssigkeiten
Diese Flüssigkeiten unterteilen sich in:
– Öl-in-Wasser-Emulsionen

Bild 11-1

(CETOP HFA) FINA HYDROSOL HFA
– Wasser-in-Öl-Emulsionen
(CETOP HFB) FINA HYDROSOL HFB
– Phosphatester
(CETOP HFD) FINA HYDRAN FR

Man verwendet diese Flüssigkeiten aus Sicherheitsgründen in Anlagen mit Explosionsgefahr, z. B. an Hochöfen, in Gießereien und im Bergbau. Unter dem Gesichtspunkt des Umweltschutzes sind außerdem die HFA- und HFC-Hydraulikflüssigkeiten interessant.

Biologisch abbaubare Flüssigkeiten
Hier sei FINA BIOHYDRAN RS erwähnt. Im Bereich der Hydraulik ist diese Entwicklung noch ziemlich neu, sie wird sich jedoch wegen des Bedarfs an umweltfreundlichen Druckmitteln zukünftig noch beschleunigen. Gegenwärtig werden die wichtigsten biologisch abbaubaren Flüssigkeiten auf der Basis von
– Polyglykolen,
– Synthese-Estern und
– Pflanzenölen
hergestellt.

Nach CEC beträgt die biologische Abbaubarkeit dieser Stoffe und von Mineralöl:
Polyglykole   15-70%
Synthese-Ester   60-95%
Pflanzenöle   über 95%
Mineralöl   25-40%.

Vorteil der biologisch abbaubaren Flüssigkeiten gegenüber Mineralölen ist der relativ hohe Viskositätsindex (über 150). Nachteilig wirkt sich die geringe thermische und Alterungsbeständigkeit aus; zudem lassen sich manche Arten nicht mit Mineralöl vermischen. Dadurch sind in der Praxis schon Probleme entstanden. Heutzutage werden diese Flüssigkeiten in Anlagen verwendet, die in Gebieten für die Wassergewinnung oder in der Nähe von Oberflächengewässern betrieben werden.

Auch von vielen kommunalen Einrichtungen wird Interesse an den biologisch abbaubaren Flüssigkeiten bekundet.

Lebensdauer
Die Lebensdauer eines Öls oder einer Flüssigkeit hängt von den Betriebsbedingungen ab, unter denen das Druckmittel wirksam werden muß. Wird das Öl unter erschwerten Bedingungen eingesetzt, können bestimmte Additive schneller ihre Wirkung verlieren. Unter erschwerten Bedingungen versteht man z. B. höchstbelastete Anlagen oder solche, die bei niedrigen oder erhöhten Temperaturen arbeiten. Auch Verunreinigungen durch Staub, Metallteilchen und Wasser beeinflussen die Lebensdauer, weil sie Alterungs- und Verschleißprozesse beschleunigen. Die technischen Entwicklungen der letzten Jahre haben zu einer merklichen Steigerung der Arbeitsdrücke geführt. Diese hohen Arbeitsdrücke sind nur möglich, wenn das Spiel zwischen den Bauelementen möglichst gering ist. Das erfordert, immer feinere Verunreinigungen aus dem Öl herauszufiltern. Wie stark die Verunreinigungen sind, wird von der Beschaffenheit des Filtersystems bestimmt. Deshalb sind Anordnung, Qualität und Feinheit der in einer Anlage eingesetzten Filter von entscheidender Bedeutung. Die Wirksamkeit eines Filtersystems kommt in der Teilchenzahl des Öls nach den Normen NAS 1638 oder ISO 4406 zum Ausdruck. Um zu kontrollieren, ob ein Öl oder eine andere Hydraulikflüssigkeit den Forderungen entspricht, sind Laboruntersuchungen erforderlich.

FINA Hydraulicöl Service
Mit dem FINA Hydraulicöl Service besteht eine Möglichkeit, die Qualität von Hydraulikflüssigkeiten kostenlos kontrollieren zu lassen. Getreu dem Motto „Vorbeugen ist besser als Heilen" werden Serviceleistungen angeboten für:
– die Geräte: wenn unnormaler vorzeitiger Verschleiß rechtzeitig festgestellt wird, lassen sich größere Schäden vermeiden;
– die Hydraulikflüssigkeit: hier wird festgestellt, ob die Flüssigkeit für eine weitere Verwendung geeignet ist oder ein Ölwechsel erfolgen muß.

Stufe 1 (Grunduntersuchungen)	
– Aussehen, Farbe und Geruch	Feststellen von sichtbaren und flüssigen Verunreinigungen sowie von Oxidation (Alterung)
– Viskosität in mm²/s (cSt) bei 40 °C und bei Bedarf 100 °C	Feststellen von möglicher Verdünnung; Feststellen von Oxidation durch Eindicken des Öls
– Wassergehalt	Wasser fördert die Oxidation und Korrosion und kann zur Hydrolyse führen, d. h. zur Zersetzung von Additiv-Metallen, wodurch gummiartige Stoffe entstehen, die Filter verstopfen.
– Säuregrad (TAN)	Maßzahl für die Ölalterung
– Emissionsspektroskopie	Kontrolle des Gehalts an Additiven und Verschleißteilchen aus Metall
Stufe 2 (ergänzende Untersuchungen)	
– Teilchenzählung ISO 4406/ NAS 1638	Bestimmung der Verunreinigungen in der Anlage durch Teilchen jeder Art sowie der Filterwirkung
– Eisenspektroskopie	Feststellen von unnormalem Verschleiß
– Gravimetrie	Grad der Filterverstopfung durch die Verunreinigungen

Der FINA Hydraulicöl Service bietet folgende Untersuchungen an:

Reinheit von Hydraulikflüssigkeiten (Teilchenzählung)

Der Reinheitsgrad einer Hydraulikflüssigkeit wird mit einer Laboruntersuchung festgestellt. Nach dem Zählen und Einordnen der Anzahl von Schmutzteilchen je 100 ml Flüssigkeit wird das Öl in eine bestimmte Reinheitsklasse eingestuft.
Diese Klassifizierung kann gemäß den Normen NAS 1638 bzw. ISO 4406 erfolgen.
In der NAS-Norm sind fünf Bereiche für die Teilchengröße festgelegt, bei ISO lediglich zwei, nämlich alle Teilchen über 5 μm und alle über 15 μm (siehe Tabellen). In der Praxis arbeitet man zumeist mit der ISO-Norm.

Beispiel

Eine sehr schmutzempfindliche Anlage mit hohen Drücken bzw. hohen Temperaturen muß der ISO-Klasse 13/9 entsprechen. Das bedeutet, daß die Anzahl der über 5 μm großen festen Teilchen je 100 ml zwischen 4000 (4k) und 8000 (8k) und die Anzahl der über 15 μm großen festen Teilchen zwischen 250 und 500 liegen darf.

Für eine kritisch belastete Anlage mit Drücken über 100 bar gelten ISO 15/11 bis 16/14. Bei normalen Anlagen mit Drücken unter 100 bar wird ISO 18/14 bis 19/15 zugrunde gelegt.

FINA Filtrations-Service

Nachdem Grad und Art der Verunreinigung festgestellt wurden, kann die Hydraulikflüssigkeit gereinigt werden. Hierzu stellt FINA eine Filteranlage bereit, mit der vor Ort die Flüssigkeit so gereinigt wird, daß sie weiter verwendet werden kann.
Wo sehr hohe Reinheitsgrade verlangt werden, kann es sogar erforderlich sein, die neue Hydraulikflüssigkeit vor dem Füllen der Anlage zu filtrieren. Auch dazu kann FINA eine Anlage zur Verfügung stellen.

Tabelle 11-3: Reinheitsklassen nach ISO 4406

Code	Anzahl der Teilchen je 100 ml			
	> 5 μm		> 15 μm	
	von	bis	von	bis
20/17	500 k	1 M	64 k	130 k
20/16	500 k	1 M	32 k	64 k
20/15	500 k	1 M	16 k	32 k
20/14	500 k	1 M	8 k	16 k
19/16	250 k	500 k	32 k	64 k
19/15	250 k	500 k	16 k	32 k
19/14	250 k	500 k	8 k	16 k
19/13	250 k	500 k	4 k	8 k
18/15	130 k	250 k	16 k	32 k
18/14	130 k	250 k	8 k	16 k
18/13	130 k	250 k	4 k	8 k
18/12	130 k	250 k	2 k	4 k
17/14	64 k	130 k	8 k	16 k
17/13	64 k	130 k	4 k	8 k
17/12	64 k	130 k	2 k	4 k
17/11	64 k	130 k	1 k	2 k
16/13	32 k	64 k	4 k	8 k
16/12	32 k	64 k	2 k	4 k
16/11	32 k	64 k	1 k	2 k
16/10	32 k	64 k	500	1 k
15/12	16 k	32 k	2 k	4 k
15/11	16 k	32 k	1 k	2 k
15/10	16 k	32 k	500	1 k
15/9	16 k	32 k	250	500
14/11	8 k	16 k	1 k	2 k
14/10	8 k	16 k	500	1 k
14/9	8 k	16 k	250	500
14/8	8 k	16 k	130	250
13/10	4 k	8 k	500	1 k
13/9	4 k	8 k	250	500
13/8	4 k	8 k	130	250
12/9	2 k	4 k	250	500
12/8	2 k	4 k	130	250
11/8	1 k	2 k	130	250

Luft im Öl

Zu unterscheiden ist hierbei zwischen gelöster und nicht gelöster Luft. Gelöste Luft hat keinen Einfluß auf die Kompressibilität der Flüssigkeit und ist in Hydraulikflüssigkeiten immer in molekular gelöster Form vorhanden.
Die Lösungsfähigkeit ist abhängig von der Art der Flüssigkeit und dem Druck. Unter hohem Druck kann sich im Öl ein sehr großes Luftvolumen auflösen.
Natürlich wird bei jeder Drucksenkung gelöste Luft in Form von Blasen freigesetzt (Kavitation). Dadurch steigt die Kompressibilität der Flüssigkeit stark an, und in der Anlage kann es zu Schäden kommen.

Tabelle 11-2: Reinheitsklassen nach NAS 1638

Teilchengröße (μm)	Max. Anzahl von Schmutzteilchen je 100 ml Flüssigkeit													
	Klasse													
	00	0	1	2	3	4	5	6	7	8	9	10	11	12
5- 15	125	250	500	1000	2000	4000	8000	16000	32000	64000	128000	256000	512000	1024000
15- 25	22	44	89	178	356	712	1425	2850	5700	11400	22800	45600	91200	182400
25- 50	4	8	16	32	63	126	253	506	1012	2025	4050	8100	16200	32400
50-100	1	2	3	6	11	22	45	90	180	360	720	1440	2880	5760
>100	0	0	1	1	2	4	8	16	32	64	128	256	512	1024

11.2 Starre und flexible Leitungen

Die verschiedenen Bauelemente der hydraulischen Anlage werden durch das Leitungssystem miteinander verbunden.

Dabei unterscheidet man zwischen starren Leitungen (Rohren) und flexiblen Leitungen (Schläuchen). Durch deren falsche Auswahl und Montage wird die Hydraulikanlage störanfällig.

Für starre Leitungen verwendet man in der Hydraulik zumeist nahtlose Präzisionsrohre aus Stahl.

Bei speziellen Anwendungen werden mitunter auch andere Werkstoffe wie rostfreier Stahl, Kupfer, Messing, Aluminium und Kunststoffe (Polyamide) eingesetzt.

Der Vorteil von nahtlosem Präzisionsrohr aus Stahl ist, daß es sich gut kaltbiegen läßt. Beim Biegen bildet sich kein Hammerschlag, wie das bei warmgebogenen Rohren geschieht. Der kleinste Biegeradius beträgt etwa das 3-fache des Rohrdurchmessers.

Die Rohrabmessungen sind genormt. Die Angabe „Rohr Durchmesser 12 × 1,5" bedeutet:

Bild 11-2

Rohraußendurchmesser 12 mm } → Innendurchmesser $12 - (2 \times 1,5) = 9$ mm
Wanddicke 1,5 mm

Schläuche werden zur Verbindung zweier Anschlüsse verwendet, die zueinander beweglich sind.

Im Bild 11-3 ist der Aufbau eines Schlauches dargestellt. Er besteht aus einem Innenschlauch aus Gummi oder Kunststoff, der je nach Arbeitsdruck durch eine oder mehrere Stahlgeflecht- oder Kordeinlagen verstärkt ist. Diese Einlagen werden von einem Außenmantel geschützt. Schläuche müssen beweglich, leicht und gegen hohe Arbeitsdrücke und chemische Reaktionen beständig sein.

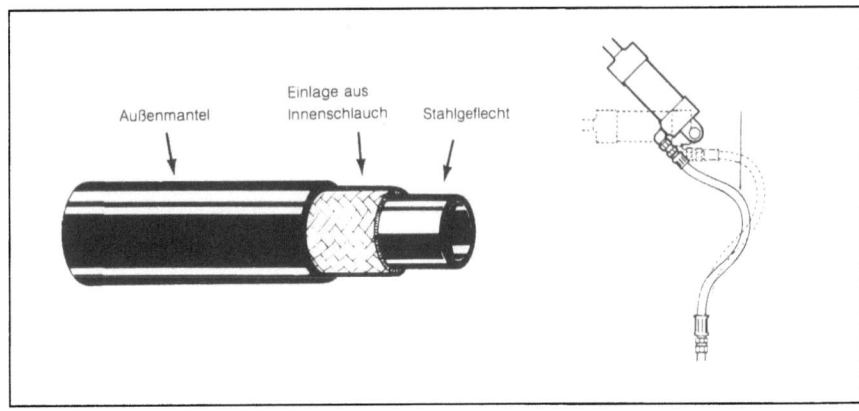

Bild 11-3

11.3 Leitungsverbindungen

Bis zu einem Rohrdurchmesser von 38 mm werden nahtlose Präzisionsrohre aus Stahl durch Rohrverschraubungen miteinander verbunden. Bei Durchmessern über 38 mm werden Flanschverbindungen eingesetzt, die nicht Gegenstand dieses Lehrmaterials sind.
Zwei verbreitete Verbindungsmöglichkeiten sind:
a) Schneidringverschraubungen
b) Bördelverbindung

a) Eine Schneidringverschraubung besteht aus:
– einem Gewindenippel mit Innenkonus,
– einem gehärteten Schneidring,
– einer Überwurfmutter (siehe Bild 11-4).
Das Prinzip des Schneidrings besteht darin, daß er sich in das Rohr schneidet, wodurch das Rohr nach Festziehen der Überwurfmutter festgehalten wird. Die Dichtungswirkung ergibt sich am Innenkonus und zwischen Schneidring und Rohr.

b) Bördelverbindung
Bei dieser Art der Rohrverbindung wird nach dem Aufschieben von Überwurfmutter und Kragen mit Hilfe eines Spezialwerkzeugs ein trompetenförmiger Konus (74°) gebogen (Bezeichnung JIC 37°). Im Gegensatz zur Schneidringverschraubung ist diese Verbindung leichter herzustellen und zu lösen. Auch wenn das Rohr nicht völlig fluchtend zur Verbindung ausgerichtet ist, tritt keine Leckage auf. Die Abdichtung erfolgt am konischen Teil.

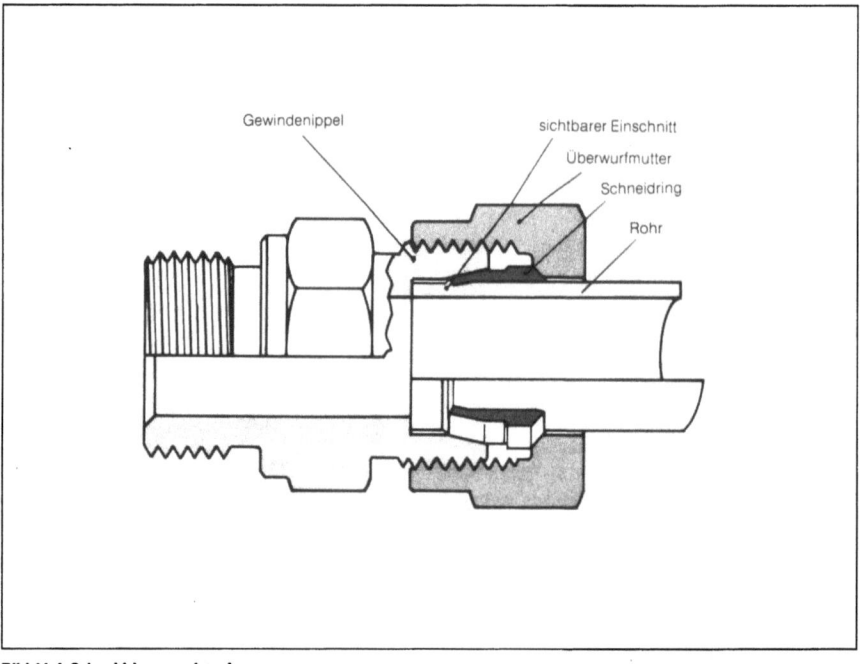

Bild 11-4 Schneidringverschraubung

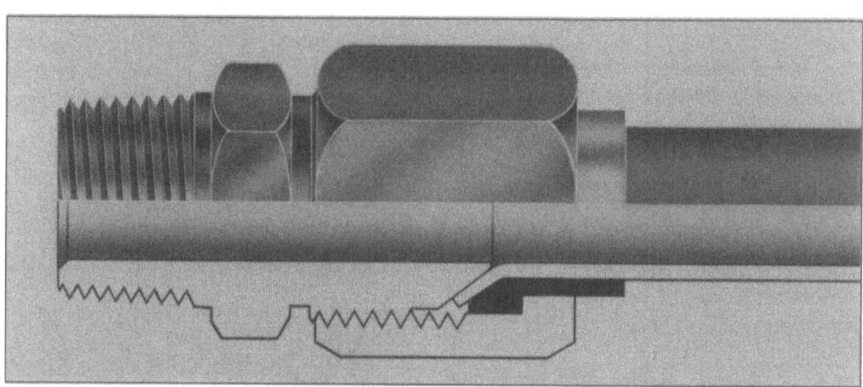

Bild 11-5: Bördelverschraubung

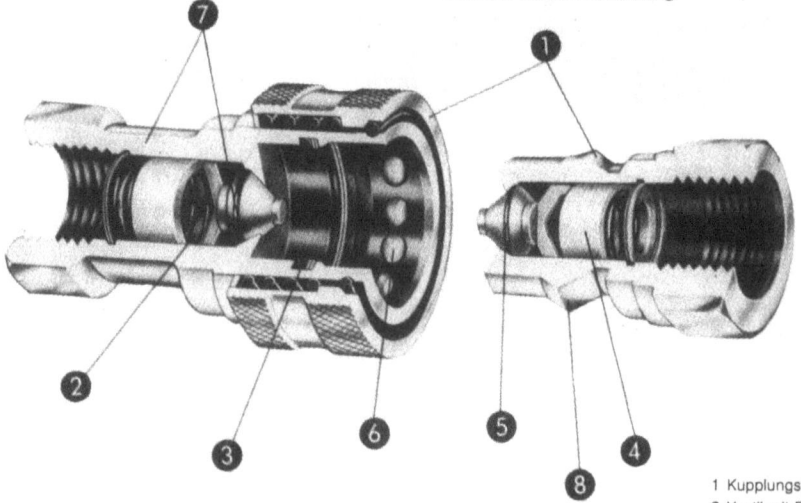

Zum schnellen Anschluß eines anderen Verbrauchers an eine Hydraulikeinheit werden Schläuche mit Schnellkupplungen verwendet (Bild 11-6). Im entkuppelten Zustand müssen die beiden Kupplungshälften mit Staubkappen verschlossen werden, um das Eindringen von Schmutz zu verhindern.

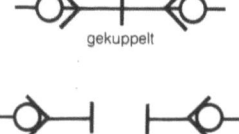

1 Kupplungshälften
2 Ventil mit Feder
3 Runddichtring
4 Ventilführung
5 Runddichtring
6 Kugelverschlußmechanismus
7 Runddichtring

Bild 11-6

12 Wartung und Störungen

12.1 Wartung

Zur Gewährleistung einer optimalen Anlagenfunktion muß die Anlage regelmäßig gewartet und in festgelegten Abständen kontrolliert werden. Auch durch rechtzeitiges Reagieren auf Fremdgeräusche oder zeitweilig auftretende Störungen lassen sich größere Probleme vermeiden.

- Die Kontrolle der Anlage beschränkt sich auf eine Sichtprüfung sowie die Kontrolle von Druck und Volumenstrom. Ihr Ziel ist zu überprüfen, ob die Anlage noch den Anforderungen entspricht, um Störungen frühzeitig feststellen und beseitigen zu können.
- Unter Wartung versteht man alle Reinigungsarbeiten, die periodische Entnahme von Ölproben, den Austausch bestimmter Bauelemente wie Filter sowie den Ölwechsel.

Umfang und Zeitabstände für die Kontrolle und Wartung werden vom Anlagenhersteller festgelegt.

Bild 12-1 enthält eine Tabelle, in der die wichtigsten Arbeiten zusammengefaßt sind. Die nicht genannten Bauelemente wie Pumpen und Ventile sind im allgemeinen wartungsfrei.

12.2 Störungen

Um Störungen in der hydraulischen Anlage schnell orten zu können, muß das Reparaturpersonal:
- Kenntnisse der Funktion und Wirkungsweise der Hydraulikanlage haben;
- Schaltpläne lesen und deuten können;
- Funktion, Wirkung und Aufbau der verschiedenen Bauelemente kennen;
- systematisch vorgehen (logisch denken);
- mit den wichtigsten Merkmalen von Hydraulikflüssigkeiten vertraut sein.

Bevor eine Störung beseitigt werden kann, muß das Störungsbild eindeutig feststehen. Dazu sind die tagtäglich an der Anlage Arbeitenden mit einzubeziehen, denn sie kennen eventuelle Eigenheiten der Anlage am besten.
Danach kann mit der Prüfung begonnen werden:
- Anlage warmlaufen lassen.
- Anlage unter normalen Betriebsbedingungen prüfen, Störungsanzeichen feststellen und auf eventuelle Nebengeräusche achten.
- Gemessene Drücke und Geschwindigkeiten registrieren (Zykluszeiten) und Ölproben im Labor untersuchen lassen.
- Meßwerte mit Sollwerten und Anlagenvorschriften vergleichen und mögliche Fehlerursachen notieren.

Wird so vorgegangen, kann die Störung in einem Anlagenteil oder einem bestimmten Bauelement geortet werden. Bei der Beseitigung der Störung muß auch ihre Ursache ausgeschaltet werden.

Störungen lassen sich unterscheiden in:
- Störungen der Elektrik: z. B. Ausfall der Speisespannung, Relais schalten nicht, durchgebrannte Sicherungen usw.;
- Störungen der Mechanik: z. B. festsitzende Ventile, Zylinder, Motoren usw.;
- Störungen der Hydraulik: z. B. innere und äußere Leckagen, falsche Ölviskositäten usw.

	täglich ständig	nach einigen Betriebsstunden	wöchentlich	monatlich	halbjährlich	jährlich	anhand untersuchter Proben
Druckspeicher							
Druck kontrollieren		10–50			●	●	
Behälter							
Ölstand kontrollieren	●						
Öltemperatur kontrollieren	●						
Kontrolle auf Leckagen	●						
Ölproben entnehmen					●	●	
Öl wechseln		50					●
Filter							
Schmutzanzeige kontrollieren	●						
Filtereinsätze reinigen/austauschen		10–50		●	●		
Antrieb							
Antriebskupplung kontrollieren					●	●	
Ventile							
Einstellung der Druck- und Stromventile kontrollieren		10–50		●		●	
Signalgeber							
Einstellung der Druckschalter kontrollieren Position und Einstellung der Fühler kontrollieren		10–50		●		●	
Zylinder							
Sichtkontrolle der Kolbenstange Kontrolle des Schmutzabstreifers Kontrolle auf äußere Leckage Reinigung und Schmierung der Befestigungsstellen				●	●		

Bild 12-1

If you have any concerns about our products,
you can contact us on
ProductSafety@springernature.com

In case Publisher is established outside the EU,
the EU authorized representative is:
Springer Nature Customer Service Center GmbH
Europaplatz 3, 69115 Heidelberg, Germany

Printed by Libri Plureos GmbH
in Hamburg, Germany